Fritz Unger | Jens-Uwe Stiehr

Statistik

INTENSIVTRAINING

Der günstige Preis dieses Buches wurde durch
großzügige Unterstützung der

MLP Finanzdienstleistungen AG Heidelberg

ermöglicht, die sich seit vielen Jahren als Partner der
Studierenden der Wirtschaftswissenschaften versteht.

Als führender unabhängiger Anbieter von Finanzdienstleistungen für akademische Berufsgruppen fühlt
sich MLP Studierenden besonders verbunden. Deshalb
ist es MLP ein Anliegen, Studenten mit dem
℗ **MLP** REPETITORIUM Informationen zur Verfügung zu
stellen, die ihnen für Studium und Examen großen
Nutzen bieten, der sich schnell in Erfolg umsetzen läßt.

⊕ **MLP** REPETITORIUM

Fritz Unger | Jens-Uwe Stiehr

Statistik

INTENSIVTRAINING

REPETITORIUM WIRTSCHAFTSWISSENSCHAFTEN
HERAUSGEBER: VOLKER DROSSE | ULRICH VOSSEBEIN

PROF. DR. Fritz Unger lehrt Betriebswirtschaftslehre und Marketing im
Berufsintegrierenden Studium (BIS) der Fachhochschule Ludwigshafen
am Rhein.

PROF. DR. Jens-Uwe Stiehr lehrt an der Hochschule für Druck und
Medien in Stuttgart.

Der Gabler Verlag ist ein Unternehmen der Bertelsmann Fachinformation.

© Betriebswirtschaftlicher Verlag Dr. Th. Gabler GmbH, Wiesbaden 1999.

Lektorat Jutta Hauser-Fahr
Umschlagkonzeption independent, München

ISBN-13: 978-3-409-12621-2   e-ISBN-13: 978-3-322-86723-0
DOI: 10.1007/978-3-322-86723-0

Vorwort zum Repetitorium Wirtschaftswissenschaften

Das Repetitorium Wirtschaftswissenschaften richtet sich an Dozenten und Studenten der Wirtschaftswissenschaften, des Wirtschaftsingenieurwesens und anderer Studiengänge mit wirtschaftswissenschaftlichen Inhalten an Universitäten, Fachhochschulen und Akademien. Es ist gleichermaßen zum Selbststudium für Praktiker geeignet, die auf der Suche nach einem fundierten theoretischen Hintergrund für ihre Entscheidungen in den Unternehmen sind.

In allen Bänden des Repetitoriums wird besonderer Wert auf Beispiele, Übersichten und Übungsaufgaben gelegt, die die Erarbeitung des jeweiligen Lernstoffs erleichtern und das Gelernte festigen sollen. Zur Sicherung des Lernerfolgs dienen auch die zahlreichen Tips zur Lösung der Aufgaben, die vor einem Vergleich der eigenen Lösung mit der Musterlösung eingesehen werden sollten. Sie enthalten einerseits die Resultate der Musterlösungen und zum anderen Hinweise zum Lösungsweg.

Für Anregungen, die der weiteren inhaltlichen und didaktischen Verbesserung des Repetitoriums dienen, sind wir dankbar.

Die Herausgeber

Volker Drosse   *Ulrich Vossebein*

Inhaltsverzeichnis

VIII

1.   Stichproben

1.1   Allgemeine Einführung

In der Statistik, so wie wir sie hier darstellen, geht es im wesentlichen um die Erhebung von Daten in Stichproben und den Schluß von diesen Stichprobendaten auf Daten von Grundgesamtheiten.

Die in Beobachtungen, Befragungen oder anderen Erhebungen gewonnenen Daten werden graphisch oder tabellarisch dargestellt. Das ist das Gebiet der *„deskriptiven Statistik"*.

Ein weiteres Feld ist das der *„schließenden Statistik"* (auch *„induktive Statistik"* genannt). Damit ist ganz explizit der Schluß von Daten aus Stichproben auf die zugrunde liegenden Grundgesamtheiten gemeint. Wir erheben Stichproben, werten diese aus, berechnen diverse Maßzahlen, z. B. Mittelwerte, und schlußfolgern auf die Grundgesamtheit. Wie zuverlässig diese Schlußfolgerungen sind, messen wir mit Hilfe der Wahrscheinlichkeitsrechnung.

Die Güte dieser Schlußfolgerungen hängt von der Art der Stichprobenrekrutierung, von der Größe der Stichprobe, von den Methoden der Erhebung und von den gefundenen Streumaßen innerhalb der Stichprobe ab. Um Wahrscheinlichkeitsaussagen auf der Basis von Stichproben zu ermöglichen, ist es notwendig, daß die Stichprobe auf der Basis einer Zufallsauswahl rekrutiert wurde. Diesem Anspruch genügen Stichproben in der Realität der Sozialforschung häufig nicht im strengen Sinne. Das verbietet die im folgenden dargestellten Berechnungen keineswegs, reduziert aber die Aussagekraft der Schlußfolgerungen. Bei Qualitätskontrollen sind exakt zufallsgestützte Stichproben leichter zu realisieren. Im Zusammenhang mit Stichproben taucht immer wieder der Begriff der Repräsentativität auf. Eine Stichprobe ist dann repräsentativ, wenn angenommen werden kann, daß sie in ihrer Struktur der Grundgesamtheit entspricht. Genau das wird durch zufallsgestützte Stichproben zu realisieren versucht. Laien verbinden Stichprobenrepräsentativität häufig mit besonders großen Stichproben. Je größer eine Stichprobe ist, um so eher wird ihre Repräsentativität geglaubt. Das ist nicht richtig. Auch große Stichproben erlauben bei nicht angemessener Rekrutierung keine zuverlässigen Schlußfolgerungen auf die Grundgesamtheit.

Im Prinzip weist die schließende Statistik zwei Fehlerarten auf, einmal den reinen Schätzfehler. Dieser ist allerdings berechenbar. Die Größe des berechenbaren Schätzfehlers hängt von Streumaßen, der Größe der Stichprobe und einer zu bestimmenden Wahrscheinlichkeit ab (vgl. Kapitel 3.3). Wenn wir nach einer Materialstichprobe feststellen, daß das durchschnittliche Gewicht aller gefundenen Stücke 18,5 g beträgt, dann lautet die korrekte Aussage nicht: „im Durchschnitt wiegen alle Stücke 18,5 g". Die (einigermaßen) korrekte Aussage lautet: mit einer Irrtumswahrscheinlichkeit von (beispielsweise) 1 % können wir sagen, daß das durchschnittliche Stückgewicht zwischen 18,2 und 18,8 g liegt. Der Vorteil des Schätzfehlers ist, daß er, wie später deutlich wird, präzise zu berechnen ist. Außerdem müssen wir immer mit methodischen Fehlern rechnen, die sich aus vielleicht nicht einmal deutlich gewordenen Fehlern bei der Stichprobenrekrutierung ergeben können, durch Interviewfehler, durch Antwortverzerrungen während einer Befragung und ähnliches mehr. Dieser Fehler ist nicht berechenbar und häufig nicht einmal bekannt. Praktiker neigen dazu, insbesondere in der Marktforschung, methodische Fehler zu unterschätzen und berechenbare Schätzfehler zu überschätzen. Grundsätzlich vermeidbar ist keiner dieser beiden Fehler, daher sind sichere Aussagen auch bei noch so zuverlässiger Statistik niemals möglich.

Ein dritter Bereich der Statistik ist die *„kausalanalytische Statistik"*. Dabei wird versucht, aufgrund der gefundenen Daten die Ursachen für bestimmte Fakten zu finden. Das ist das Feld experimenteller Forschung in Verbindung mit multivariaten Methoden, auf die wir in diesem Text aber nicht eingehen (bei Interesse vgl. Guckelsberger & Unger, 1998).

1.2 Begriffliche Festlegungen

Unter der *Grundgesamtheit* verstehen wir die Menge von Objekten, auf die sich die Aussagen der jeweiligen Untersuchung beziehen sollen. Grundgesamtheiten sind alle Studierenden einer Hochschule, alle weiblichen Studierenden einer Hochschule, alle Haushalte einer Stadt, eines Landes, einer Region, alle Personen einer Region, alle Personen zwischen 19 und 29 Jahre einer Region, alle Weinfässer eines Weingutes. Die Elemente einer Grundgesamtheit bezeichnen wir auch als Merkmalsträger, die gefundenen Werte jedes Elementes als Merkmalsausprägung. Die Merkmalsausprägung kann das Alter, das Geschlecht, das Einkommen, das Körpergewicht usw. einer Person sein. Wir sehen sofort, daß es durchaus möglich ist, einem Element der Grundgesamtheit mehrere Merkmalsausprägungen zuzuschreiben. Es gelten folgende Regelungen:

$N =$ bezeichnet die Anzahl der Elemente der Grundgesamtheit.

$x_i =$ bezeichnet die Merkmalsausprägung jedes Elementes der Grundgesamtheit. Der Index i läuft von 1 bis N.

Aus der Grundgesamtheit ziehen wir eine Stichprobe vom Umfang n. Die gemessenen Merkmalsausprägungen bezeichnen wir mit X_i. Es gilt also:

$n =$ Anzahl der Elemente der Stichprobe

$X_i =$ Merkmalsausprägung der einzelnen Elemente der Stichprobe. i läuft jetzt von 1 bis n.

Bei einer Einkommensuntersuchung könnte sich ein Bild entsprechend folgender Arbeitstabelle ergeben:

i	X_i
1	5.800
2	7.200
3	6.300
4	5.500
5	4.800
6	7.300
7	5.800
8	6.000
9	5.900
10	6.800

$n =$ 10

$X_i =$ Monatseinkommen der i-ten befragten Person

$i =$ 1, 2, ..., 10

Das Element X_3 weist also die Merkmalsausprägung 6.300 auf.

Es ist auch denkbar, daß es nicht wie in diesem ersten Fall darum geht, die unterschiedlich starke Ausprägung eines Merkmals (Einkommen) festzuhalten, sondern nur darum, ob ein Element der Grundgesamtheit oder aber der Stichprobe ein bestimmtes Merkmal aufweist oder nicht, beispielsweise Wähler/Wählerin einer bestimmten Partei ist oder nicht. Dann geht es um das Schätzen von *Anteilswerten*. Es gelten folgende Definitionen:

p =   Anteil der Elemente der Grundgesamtheit, auf die das Merkmal zutrifft, beispielsweise 0,4 für 40 %.

P =   gefundener Anteil der Elemente, auf die das besagte Merkmal innerhalb der Stichprobe zutrifft.

In allen angesprochenen Fällen geht es um die Messung von Merkmalsausprägungen. Unter Messung versteht man die eindeutige Zuordnung einer Merkmalsausprägung auf einer Skala (Guckelsberger & Unger, 1998, S. 2). Es sind folgende Skalen möglich (vgl. ausführlich Unger, 1997, S. 65 – 69):

a)   **Nominalskala:** Diese Skalen dienen der Benennung von Elementen. Es ist lediglich die Aussage möglich, ob ein gefundenes Element zu einer bestimmten Gruppe zählt oder nicht. Es ist ferner die Aussage möglich, ob zwei gefundene Elemente (A und B) zur gleichen Gruppe zählen oder nicht, also:

A = B oder A ≠ B

Das Schätzen von Anteilswerten beruht im Prinzip auf solchen Berechnungen.

b)   **Ordinalskala:** Diese Skala dient dazu, Elemente in eine Rangreihe zu bringen, beispielsweise eine Rangreihe nach Bewertung oder der Ausprägung bestimmter Eigenschaften.

Möglich sind folgende Aussagen:

A > B; A < B; A = B; A ≠ B

Person A ist also älter, reicher, schwerer als Person B (A > B) oder umgekehrt (A < B), oder beide sind auf der jeweiligen Merkmalsdimension identisch (A = B) oder nicht (A ≠ B).

Die Ordinalskala beschreibt ein *höheres* Skalenniveau als die Nominalskala. Bei einem höheren Skalenniveau sind die Berechnungen des jeweils niedrigen Skalenniveaus automatisch eingeschlossen.

Neben den genannten Berechnungen können *Medianwerte, Quantile* oder *Rangkorrelationen* ermittelt werden (vgl. Kapitel: 4, vgl. auch Bamberg & Baur, 1998, S. 17).

Es ist besonders wichtig, schon jetzt darauf hinzuweisen, daß man bei ordinalskalierten Werten Mittelwerte zwar berechnen kann, diese aber nichts aussagen. Wenn also beispielsweise drei verschiedene Spülmittel anhand dreier Eigenschaften: Reinigungskraft, Hautschonung und Duft in Rangreihen eingestuft werden, wie folgendes Bild veranschaulicht,

	Reinigungskraft	**Hautschonung**	**Duft**
Spülmittel A	1	1	3
Spülmittel B	2	2	2
Spülmittel C	3	3	1

dann läßt sich selbstverständlich der durchschnittliche Rangplatz der Spülmittel berechnen, nämlich für:

A = 1,7
B = 2,0
C = 2,3

Dieser Durchschnittswert sagt aber überhaupt nichts aus. Es kann nämlich sein, daß die Abstände zwischen der wahrgenommenen Reinigungskraft und der Hautschonung bei allen drei Spülmitteln extrem gering sind, während Spülmittel C extrem gut duftet und Spülmittel A dagegen sehr unangenehm riecht.

Fazit: Gefundene Durchschnittswerte bei ordinalskalierten Werten sagen nichts aus, weil die Abstände zwischen den Rangplätzen nicht miteinander vergleichbar sind.

Hierin läßt sich auch sehr schön zeigen, daß oft Berechnungen zwar möglich sind, aber zur Interpretation der Daten nicht geeignet sind.

c) **Intervallskalen** sind dadurch gekennzeichnet, daß die möglichen Ausprägungen bei einem Merkmal (z. B. Einstellungen, Intelligenzmaße usw.) anhand von Abstufungen gemessen werden, die alle exakt gleich groß sind und im Falle von Befragungen auch von den befragten Personen als exakt gleich groß empfunden werden (hier liegt ein großes Problem der Sozialforschung begründet).

In Ergänzung zu den bisher dargestellten Aussagen sind jetzt auch folgende Aussagen möglich:

$$(A-B) > (B-C); \ (A-B) < (B-C); \ (A-B) = (B-C)$$

wobei A, B und C jeweils die gefundenen Skalenwerte bei einem ganz bestimmten Untersuchungsobjekt, z. B. einer Person, sind.

Das alles besagt nichts anderes, als daß nunmehr auch die Größe des Abstandes zwischen zwei Merkmalsausprägungen verschiedener Untersuchungseinheiten angegeben werden kann. Zulässig und angemessen gut interpretierbar sind Mittelwertberechnungen, Varianzberechnungen (S. 8 ff) und Maßkorrelationen (S. 51 ff). Ein wichtiges Merkmal der Intervallskala ist, daß sie über einen frei wählbaren Nullpunkt verfügt. Eine Intervallskala ist beispielsweise die Temperaturskala nach Celsius, wobei bekanntlich der Nullpunkt mit dem Gefrierpunkt eines bestimmten definierten Wassers identisch ist. Das ist zwar sinnvoll, letztendlich aber doch willkürlich, man hätte auch jede andere Flüssigkeit und deren Gefrierpunkt wählen können. Die Problematik der Intervallskala ist einfach erklärt: nehmen wir an, wir hatten heute eine Temperatur von + 8° C und gestern eine Temperatur von + 4° C, dann ist die Aussage, daß es heute doppelt so warm war wie gestern nicht zulässig. Korrekt ist die Aussage: „Die Temperatur ist heute um 4 Skalenwerte höher als gestern."

Ein besonders häufiger Anwendungsbereich für Intervallskalen sind die Messungen von der Ausprägung von Einstellungen, Wünschen, Meinungen usw. Eine typische Intervallskala lautet:

Daß es auf dem Mars menschenähnliche Wesen gibt, halte ich für sehr unwahrscheinlich.

Daß es auf dem Mars menschenähnliche Wesen gibt, halte ich für sehr wahrscheinlich.

d)   Das höchste Skalenniveau erreichen **Verhältnisskalen**. Das sind Skalen, die sich von **Intervallskalen** dadurch unterscheiden, daß sie über einen natürlichen feststehenden Nullpunkt verfügen, also Skalen, die beispielsweise folgende Merkmalsausprägungen messen: Einkommen, Unternehmensgewinn, Größe, Gewicht, Geschwindigkeit, Höhe, Lautstärke. Diese Zahlen lassen Verhältnisberechnungen und Multiplikationen zu. Hier kann man also sagen: „x ist doppelt so groß wie y". Formal sind damit ergänzend zu den vorangenannten drei Skalenniveaus folgende Aussagen möglich:

$3 \cdot A = B$

Schließlich unterscheiden wir zwischen diskreten und stetigen Merkmalsausprägungen. Ein Merkmal ist diskret, wenn die Anzahl seiner möglichen Ausprägungen abzählbar ist, z. B. auf einer Intervallskala mit einer bestimmten Anzahl von Abstufungen. Ein Merkmal ist stetig, wenn die Anzahl seiner möglichen Ausprägungen überabzählbar ist, z. B. Gewicht, Geschwindigkeit, Temperatur usw. Man kann stetige in diskrete Merkmalsausprägungen überführen, indem man Klassen einführt. Klassen werden auch dann eingeführt, wenn es praktikabel ist, Merkmale nur innerhalb verschiedener Grenzen zu erheben (z. B. Einkommensklassen).

2. Deskriptive Statistik

2.1 Mittelwert, Varianz, Standardabweichung

Üblicherweise wird von Stichproben auf Grundgesamtheiten geschlossen. Die Grundgesamtheit wird durch die Menge aller interessierenden Merkmalsträger gebildet, die Stichprobe stellt eine nach bestimmten Auswahlmethoden rekrutierte Teilmenge der Grundgesamtheit dar. Es gilt:

N = Anzahl der Elemente der Grundgesamtheit

x_i = Merkmalsausprägung jedes Elementes der Grundgesamtheit

Der Index i läuft von 1 bis N.

Gesucht ist häufig ein Durchschnittswert der Merkmalsausprägungen aller x_i. Dieser wird bei intervallskalierten Merkmalen als

$$\overline{x} = \frac{1}{N} \sum_{i=1}^{N} x_i$$

definiert.

Häufig benötigen wir auch ein Maß dafür, wie sehr die Werte einzelner x_i um den Mittelwert $\overline{x}$ streuen. Das Streumaß bezeichnen wir als die Varianz der Grundgesamtheit, die mit s^2 bezeichnet wird. Es gilt:

$$s^2 = \frac{1}{N} \sum_{i=1}^{N} \left(x_i - \overline{x}\right)^2$$

Für spätere Berechnungen benötigen wir noch ein weiteres Streumaß, welches aus der Wurzel von s^2 gewonnen wird und als Standardabweichung der Grundgesamtheit definiert wird:

$$s = \sqrt{\frac{1}{N} \sum_{i=1}^{N} \left(x_i - \overline{x}\right)^2}$$

Es läßt sich ferner zeigen, daß die Verwendung eines etwas veränderten Maßes für s^2 und s zu etwas genaueren Schätzungen führt, nämlich die korrigierte Varianz und die korrigierte Standardabweichung. Diese werden als s^{*2} und s^{*} bezeichnet. Es gilt:

$$s^{*2} = \frac{1}{N-1} \sum_{i=1}^{N} \left(x_i - \overline{x} \right)^2$$

bzw.

$$s^{*} = \sqrt{\frac{1}{N} \sum_{i=1}^{N} \left(x_i - \overline{x} \right)^2}$$

Damit sind die wichtigsten Maßzahlen der Grundgesamtheit erläutert.

Wenn wir ein Element der Grundgesamtheit zufällig ziehen, so ist das Ergebnis vom Zufall abhängig. Bei vielen wiederholten Ziehungen erwarten wir aber im Durchschnitt einen bestimmten Wert zu erhalten, den **Erwartungswert**. Der **Erwartungswert** errechnet sich aus der Summe aller Merkmalsausprägungen x_i, multipliziert mit ihrer jeweiligen Auftrittswahrscheinlichkeit. Treten alle x_i mit gleicher Wahrscheinlichkeit auf, so ergibt sich für die Auftrittswahrscheinlichkeit jedes x_i

$$\frac{1}{N},$$

also gilt für den Erwartungswert E von X:

$$EX = \sum_{i=1}^{N} x_i \frac{1}{N}$$

Dieser Wert ist identisch mit dem Mittelwert der Grundgesamtheit $\overline{x}$. Also gilt:

$$EX = \overline{x}$$

EX muß nicht einem realen Wert x_i der Grundgesamtheit entsprechen, wie das berühmte Würfelbeispiel deutlich zeigt:

$$EX = 1\frac{1}{6} + 2\frac{1}{6} + 3\frac{1}{6} + 4\frac{1}{6} + 5\frac{1}{6} + 6\frac{1}{6} = 3,5$$

Man kann ferner eine bestimmte Abweichung aller Werte vom Mittelwert erwarten. Es gilt für die Varianz von X folgender Erwartungswert:

$$E \operatorname{var} X = \sum_{i=1}^{N} \left(x_i - \overline{x}\right)^2 \frac{1}{N}$$

Ohne auf Beweisführungen einzugehen, läßt sich aufgrund der Erwartungswerte ausgehend von Werten zufallsgestützter Stichproben zeigen, daß aus den Werten dieser Stichproben auf die entsprechenden Werte der Grundgesamtheit geschlossen werden kann. Für die Stichprobe erhalten wir folgende Aussagen:

als Schätzung für $\overline{x}$:

$$\overline{x} = \frac{1}{N} \sum_{i=1}^{n} x_i$$

Für die Varianz der Stichprobe gilt:

$$s^2 = \frac{1}{n} \sum_{i=1}^{n} \left(x_i - \overline{x}\right)^2$$

Für die korrigierte Varianz der Stichprobe gilt:

$$s^{*2} = \frac{1}{n-1} \sum_{i=1}^{n} \left(x_i - \overline{x}\right)^2$$

Für die Standardabweichung der Stichprobe gilt dementsprechend:

$$s^2 = \sqrt{\frac{1}{n} \sum_{i=1}^{n} \left(x_i - \overline{x}\right)^2}$$

Für die korrigierte Standardabweichung gilt dementsprechend:

$$s^* = \sqrt{\frac{1}{n-1} \sum_{i=1}^{n} \left(x_i - \overline{x}\right)^2}$$

Dabei steht n für die Anzahl der Elemente der Stichprobe und die X_i bezeichnen die Merkmalsausprägungen der Elemente der Stichprobe; i = 1 bis n.

Bei $n \geq 30$ kann bei s* auch mit 1/n statt 1/n-1 gerechnet werden.

Wir nehmen folgendes Zahlenbeispiel: Gefragt sei das Einkommen in 1000 Euro pro Person in einer bestimmten Grundgesamtheit. Die Stichprobe habe den Umfang n = 20. Wir erhalten diese Werte:

$$X_1 = 5,5 \quad X_6 = 6,3 \quad X_{11} = 6,2 \quad X_{16} = 7,1$$
$$X_2 = 4,8 \quad X_7 = 4,9 \quad X_{12} = 6,4 \quad X_{17} = 7,0$$
$$X_3 = 7,2 \quad X_8 = 5,9 \quad X_{13} = 6,0 \quad X_{18} = 7,2$$
$$X_4 = 5,9 \quad X_9 = 5,7 \quad X_{14} = 5,7 \quad X_{19} = 6,5$$
$$X_5 = 6,0 \quad X_{10} = 4,8 \quad X_{15} = 6,3 \quad X_{20} = 6,6$$

Es kann folgende Arbeitstabelle erstellt werden:

i	X_i	$(X_i-6,1)$	$(X_i-6,1)^2$
1	5,5	-0,6	0,36
2	4,8	-1,3	1,69
3	7,2	+1,1	1,21
4	5,9	-0,2	0,04
5	6,0	-0,1	0,01
6	6,3	+0,2	0,04
7	4,9	-1,2	1,44
8	5,9	-0,2	0,04
9	5,7	-0,4	0,16
10	4,8	-1,3	1,69
11	6,2	+0,1	0,01
12	6,4	+0,3	0,09
13	6,0	-0,1	0,01
14	5,7	-0,4	0,16
15	6,3	+0,2	0,04
16	7,1	+1,0	1,00
17	7,0	+0,9	0,81
18	7,2	+1,1	1,21
19	6,5	+0,4	0,16
20	6,6	+0,5	0,25

$$\sum_{i=1}^{20} \quad : 122,0 \qquad\qquad 0 \qquad\qquad 10,42$$

Es ergibt sich:

$$\overline{X} = \frac{122,0}{20} = 6,10$$

$$s^{*2} = \frac{1}{19} \cdot 10,42 = 0,5484$$

$$s^* = \sqrt{0,548} \approx 0,74$$

Da $EX = \overline{x}$ gilt, können wir durch $\overline{X}$, also durch den Mittelwert der Stichprobe, auf $\overline{x}$, den Mittelwert der Grundgesamtheit, schließen.

Nun ist es aber nicht möglich anzunehmen, daß $\overline{X}$ exakt identisch ist mit $\overline{x}$.

Das ist zwar theoretisch möglich, aber vollständige Identität ist sehr unwahrscheinlich. Vielmehr müssen wir annehmen, daß $\overline{x}$ nur mehr oder weniger nahe bei $\overline{X}$ liegt. Die Frage lautet: wie nahe.

Die Beantwortung dieser Frage hängt von zwei Parametern ab: 1. Von der Streuung der einzelnen Stichprobenwerte um den Stichprobenmittelwert, also von der Varianz der Stichprobe und 2. von der Stichprobengröße n.

Daraus können wir den Wert s^2/n bilden. Dieser Wert bestimmt die Zuverlässigkeit der Schätzung von $\overline{X}$ auf $\overline{x}$.

„Je kleiner s^2/n ist, desto größer ist die Wahrscheinlichkeit dafür, daß das Stichprobenverfahren nahe bei $\overline{x}$ gelegene Schätzwerte liefert" (Stenger, 1971, S. 70).

Es ist wichtig zu wissen, daß die Größe n/N dabei keine Rolle spielt. Der Anteil der Stichprobe an der Grundgesamtheit spielt keine Rolle für die Qualität der Schätzung. Diese für Laien auf den ersten Blick überraschende Aussage ergibt sich später aus den Konfidenzintervallen in Kapitel 3. Es gilt:

$$E\overline{X} = \overline{x}$$

Der Erwartungswert für $\overline{X}$ ist gleich $\overline{x}$, und dies ist ein zuverlässiger Schätzwert für den Mittelwert der Grundgesamtheit:

Varianz $\overline{X} = \dfrac{s^2}{n}$

Die Varianz von $\overline{X}$ ist ein zuverlässiger Wert für die Güte der Schätzung von $\overline{X}$ auf $\overline{X}$.

Nun ist aber die Varianz der Grundgesamtheit (s^2) normalerweise nicht bekannt. Daher müssen wir die Varianz durch den Wert S^{*2} aus der Stichprobe schätzen.

$$\frac{s^{*2}}{n} \quad \text{oder} \quad \frac{\dfrac{1}{n-1} \sum\limits_{i=1}^{n} \left(xi-\overline{x}\right)^2}{n}$$

Dieser Wert kann als zuverlässiger Schätzwert für die Varianz von $\overline{X}$ bezeichnet werden (Stenger, 1971, S. 70).

In dem vorangegangenen Zahlenbeispiel können wir also den Wert für $S^{*2} = 54{,}84$ durch $n = 20$ dividieren.

„Ziehen mit oder ohne Zurücklegen"

Eine Grundgesamtheit besteht aus einer bestimmten Anzahl von Elementen N. Nehmen wir an, daß bei der Rekrutierung einer Stichprobe das gezogene Element wieder zur Grundgesamtheit gelegt wird. Bei jedem Ziehvorgang besteht die Grundgesamtheit aus N Elementen. Die Wahrscheinlichkeit für jedes Element, bei jedem Ziehvorgang gezogen zu werden, ist immer identisch 1/N. Diese Vorgehensweise wird als „Ziehen mit Zurücklegen" bezeichnet. In unseren bisherigen Ausführungen sind wir davon ausgegangen.

In der Praxis der Markt- oder Sozialforschung bei Qualitätskontrollen usw. ist die Methode aber eher unüblich. Normalerweise werden die einmal in die Stichprobe gelangten Objekte nicht mehr in die Grundgesamtheit zurückgelegt. Wir sprechen dann vom „Ziehen ohne Zurücklegen".

Die Folge davon ist, daß sich die Wahrscheinlichkeit der noch nicht gezogenen, also noch in der Grundgesamtheit befindlichen Elemente, nach jedem Ziehvorgang verändert und zwar entsprechend folgender Tabelle. Beim ersten Ziehvorgang lautet die Wahrscheinlichkeit für alle in der Grundgesamtheit befindlichen Elemente 1/N; beim zweiten Vorgang gilt 1/N-1 usw. bis zum letzten n-ten Ziehvorgang, bei dem die Wahrscheinlichkeit für jedes in der Grundgesamtheit befindliche Element gezogen zu werden 1/N-n+1 lautet.

Ziehvorgang	Wahrscheinlichkeit für die in der Grundgesamtheit befindlichen bzw. verbliebenen Elemente gezogen zu werden
1	1/N
2	1/N-1
3	1/N-2
4	1/N-3
...	...
n	1/N-n+1

Beim Ziehen ohne Zurücklegen ändert sich der Schätzwert für die Varianz von $\overline{X}$ wie folgt:

$$\text{Varianz } \overline{X} = \frac{s^{*2}}{n}\left(1 - \frac{n}{N}\right)$$

Da s^{*2} nicht bekannt sein dürfte, wird die Varianz von $\overline{X}$ wiederum geschätzt, nämlich durch

$$\frac{s^{*2}}{n}\left(1 - \frac{n}{N}\right)$$

Streng genommen lautet der Korrekturfaktor:

$$\frac{N-n}{N-1}$$

(1-n/N) wird jedoch als Näherungswert akzeptiert. Jetzt ist der Wert n/N von Bedeutung. Wir erkennen leicht, daß n/N immer kleiner wird, je geringer der prozentuale Anteil von n an der Grundgesamtheit N wird. Dann strebt (1-n/N) gegen 1. Nach bestehender Konvention kann der Korrekturfaktor bei $n/N \leq 0{,}05$ vernachlässigt werden (Stenger, 1971, S. 75). Das ist in der Sozialforschung praktisch immer der Fall. Daher kann man dort das Problem „Ziehen mit oder ohne Zurücklegen" in der Regel vernachlässigen.

2.2 Gleitender Mittelwert

Bei periodisch erhobenen Werten will man laufend den arithmetischen Mittelwert $\bar{x}$ aktualisieren, so bedient man sich des „gleitenden Mittelwertes". In jeder Berechnungsperiode wird dabei der älteste Wert durch den jüngsten Wert ersetzt. Für den gleitenden Mittelwert gilt:

$$\bar{x}_g = \frac{1}{n} \sum_{k=i+1-n}^{i} T_k$$

Es ist dabei:

$\bar{x}_g$ = gleitender Mittelwert

T_i = tatsächlicher Wert der Periode i

i = laufende Periode

n = konstante Anzahl der einbezogenen Perioden

Nehmen wir an, es lägen monatliche Daten vor, dann ergibt sich:

$$\overline{X}_{g1} = \frac{T_1 + T_2 + T_3 + T_4}{4}$$

$$\overline{X}_{g2} = \frac{T_2 + T_3 + T_4 + T_5}{4} = \overline{X}_{g1} - \frac{T_1}{4} + \frac{T_5}{4}$$

$$\overline{X}_{g3} = \frac{T_3 + T_4 + T_5 + T_6}{4} = \overline{X}_{g2} - \frac{T_2}{4} + \frac{T_6}{4}$$

usw.

Gewogener gleitender Mittelwert

Möglicherweise sind die gefundenen Periodenwerte und der daraus gefundene gleitende Mittelwert notwendig, um eine Vorhersage für den Wert einer folgenden Periode zu ermöglichen. Dann mögen die einzelnen Periodenwerte unterschiedlich bedeutsam sein. Dem kann durch Gewichtungsfaktoren Rechnung getragen werden. Es gilt für den gewogenen gleitenden Mittelwert:

$$X_{gg} = \sum_{k=i+1-n}^{i} T_k \cdot G_k$$

X_{gg} = gewogener gleitender Mittelwert

T_k = tatsächlicher Wert der Periode k

G_k = Gewichtungsfaktor für die Periode k

Für die Gewichtungsfaktoren muß gelten:

$$\sum_{k=1}^{n} G_k = 1 \quad \text{und} \quad G_k \geq 0 \quad \text{für alle k}$$

k = laufende Periode

n = konstante Anzahl einbezogener Perioden

Haben wir Gewichte gewählt, für die

$$\sum_{k=1}^{n} G_k \neq 1$$

gilt, so muß für den gewogenen gleitenden Mittelwert dieses noch normiert werden:

$$\overline{X}_{gg} = \frac{1}{\sum\limits_{k=1}^{n} G_k} \sum_{k=1-n}^{i} T_k \cdot G_k$$

Beispiel: Wir nehmen an, daß die Verbrauchswerte für Quartale vorliegen und die folgenden Quartale geschätzt werden sollen.

Da wir annehmen, daß das erste Quartal eines Jahres die höchste Relevanz für die Vorhersage des ersten Quartals des folgenden Jahres habe, ergibt sich daraus z. B.:

$G_1 = 0,4$

$G_2 = 0,2$

$G_3 = 0,2$

$G_4 = 0,2$

Das Problem liegt hier bei der recht subjektiven Festlegung der Gewichtungsfaktoren, auch dann, wenn diese aus der Vergangenheit gut begründbar sein mögen. Es ergibt sich folgende Berechnung:

$$\overline{X}_{gg} = T_1 \cdot 0,4 + T_2 \cdot 0,2 + T_3 \cdot 0,2 + T_4 \cdot 0,2$$

Wir wollen einmal annehmen, daß es in der Materialwirtschaft darum geht, die Vorhersage des Verbrauchswertes für ein bestimmtes Quartal zu schätzen, um daraus die erforderliche Bestellmenge abzuleiten (vgl. z. B. Hartmann, 1993, S. 271 ff.). Wenn wir im ersten Quartal eines Jahres eine Schätzung für das zweite Quartal vornehmen wollen, so ist mit den Quartalswerten T_2, T_3, T_4 des Vorjahres und T_1 des laufenden Jahres der Schätzwert

$$\overline{X}_{gg} = T_1 \cdot 0,2 + T_2 \cdot 0,4 + T_3 \cdot 0,2 + T_4 \cdot 0,2,$$

wobei T_2 mit dem Faktor 0,4, alle anderen mit 0,2 gewichtet sind. Das Problem hierbei ist, daß zum Zeitpunkt der Schätzung T_1 noch nicht abgeschlossen ist, also nur abgeschätzt werden kann.

2.3   Median und Modus

Liegt ein rangskaliertes Merkmal vor, so ist bereits die Addition von Merkmalswerten nicht mehr sinnvoll – nicht miteinander vergleichbare Skalenabstände werden dabei dann doch gleichgesetzt. Man kann aber die Daten gemäß ihrem Rang nach Größe sortieren und dann einen Wert aus der Mitte der sortierten Daten als Mittelwert wählen.

Beispiel: 25 Kunden einer Werkstatt wurden nach ihrer Zufriedenheit mit der Werkstattarbeit befragt. Die fünf Antwortmöglichkeiten „sehr zufrieden“, „zufrieden“, „weder noch“, „nicht zufrieden“, „sehr unzufrieden“ werden als Ziffern 1 bis 5 dargestellt. Es liegt damit folgende – bereits nach Größe sortierte – Liste vor:

1,1,1,1,1 1,1,2,2,2 2,2,**2**,2,2 2,2,3,3,3 3,4,4,5,5

Der Wert in der Mitte, die fettgedruckte 2, wird hier als Mittelwert genommen. Besteht die Liste aus einer geraden Anzahl von Werten, so gibt es keinen Wert in der Mitte. In diesem Fall wird im allgemeinen aus den beiden mittleren Werten das arithmetische Mittel gebildet. Lagen etwa bei einer anderen Befragung gemäß dem Beispiel oben 20 Antworten vor

1,1,1,1,1 1,1,2,2,**2** **3**,3,3,3,3 4,4,4,5,5

dann wird ½ (2 + 3) = 2,5 als Mittelwert genommen.

Genauer heißt dieser Mittelwert Median oder Zentralwert; er ist für n bereits nach Größe sortierte Merkmalswerte $x_1, ..., x_n$ folgenderweise definiert:

$$
x_{\text{Median}} = \begin{cases} x_{\frac{1}{2}+1} & \text{für n ungerade} \\ \dfrac{1}{2}\left(x_{\frac{n}{2}} + x_{\frac{n}{2}+1} \right) & \text{für n gerade} \end{cases}
$$

Sind alle x_i verschiedene Zahlen, so läßt sich etwas locker sagen, „die eine Hälfte der Werte ist größer als der Median, die andere Hälfte ist kleiner als der Median“. Exakt, und auch für den Fall mehrfach auftretender gleicher Werte gültig, muß es heißen: „Mindestens die Hälfte aller Werte ist größer oder gleich dem Median und mindestens die Hälfte aller Werte ist kleiner oder gleich dem Median.“ In den Beispielen oben waren a) 18 Werte größer oder gleich 2 und 17 Werte kleiner oder gleich 2, b) 5 Werte größer oder gleich 1,5 und 5 Werte kleiner oder gleich 1,5.

Liegen schließlich die Werte eines nominal skalierten Merkmals vor, so kann als kennzeichnende Zahl nur noch der Wert genannt werden, der am häufigsten aufgetreten ist – falls ein solcher Wert existiert. Dieser häufigste Wert heißt Modus oder Modalwert. Wenn es keinen eindeutigen häufigsten Wert gibt, dann existiert der Modus nicht.

Unter bestimmten Umständen ist das arithmetische Mittel schlichtweg falsch. Das ist z. B. der Fall, wenn Werte betrachtet werden, bei denen nicht die Summe sondern das Produkt einen Sinn ergibt. Das augenfälligste Beispiel dafür ist immer noch die additiv ausgesprochene Prozentrechnung, bei der aber eben 100,- DM + 10 % - 10 % = 99,- DM (und nicht 100,- DM) ergibt.

Beispiel: Ein Kapital von 10000,- DM wird auf drei Jahre angelegt, im ersten Jahr zum Zinssatz von 6 %, im zweiten zu 8 % und im dritten zu 10 %. Das ergibt nach Ablauf der drei Jahre ein Endkapital von $10000 \cdot (1{,}06) \cdot (1{,}08) \cdot (1{,}10) = 12592{,}80$ DM. Gesucht ist der durchschnittliche Zinssatz z, der über drei Jahre hinweg konstant angesetzt dasselbe Endkapital ergibt. Das arithmetische Mittel (8 %) ist falsch, es ergibt über drei Jahre 12597,12 DM – kein großer Unterschied, aber bei Geld sollte es eindeutig sein und auf den Pfennig stimmen.

Gesucht ist also der Zinsfaktor $(1 + z/100)$ mit

$$\left(1 + z/100\right) \cdot \left(1 + z/100\right) \cdot \left(1 + z/100\right) = \left(1{,}06\right) \cdot \left(1{,}08\right) \cdot \left(1{,}10\right) \text{ , also}$$

$$\left(1 + z/100\right) = \sqrt[3]{\left(1{,}06\right) \cdot \left(1{,}08\right) \cdot \left(1{,}10\right)}, \text{ also } z = 7{,}99\%$$

In den Fällen also, in denen aus n Wachstumsfaktoren x_1, x_2, ..., x_n ein mittlerer Faktor bestimmt werden soll, muß das geometrische Mittel gebildet werden.

$$X_{geom} = \sqrt[n]{X_1 \cdot X_2 \cdot \ldots \cdot X_n}$$

Paradoxon des Mittelwertes: Im amerikanischen Baseball wird die Spielstärke eines Spielers in Anzahl der „Hits" (Treffer) pro Anzahl der „Attemps" (Versuche) gemessen. Spieler A hatte in der letzten Spielsaison 55 Treffer bei 160 Versuchen in der Hinrunde und 60 Treffer bei 240 Versuchen in der Rückrunde, Spieler B 82 Treffer bei 240 Versuchen in der Hinrunde und 38 Treffer bei 160 Versuchen in der Rückrunde. Welcher Spieler war in der Hinrunde besser, welcher bei der Rückrunde, welcher bei der Gesamtwertung?

2.4   Anteilswerte

Bisher gingen wir davon aus, mehr als zwei verschiedene Merkmalsausprägungen aufgrund einer Skalierung gewonnen zu haben. Wir betrachten jetzt Anteilswerte. Gefragt ist dann lediglich, ob ein Merkmalsträger eine Eigenschaft aufweist oder nicht. Statistisch wird lediglich zwischen „1" (Eigenschaft vorhanden) und „0" (Eigenschaft nicht vorhanden) unterschieden. Dann ergeben sich Anteilswerte, im allgemeinen Sprachgebrauch wird von Prozentsätzen gesprochen. Statt Mittelwerten $\bar{x}$ schätzen wir jetzt Anteilswerte p. (Man spricht in diesem Fall auch von dichotomer oder binärer Merkmalsausprägung.) Es gilt:

$\bar{x}$ entspricht $p = $ Anteilswert der Grundgesamtheit

s^2 entspricht $p(1-p) = $ Varianz der Grundgesamtheit

s^{*2} entspricht $\dfrac{N}{N-1} p(1-p) = $ korrigierte Varianz der Grundgesamtheit

s entspricht $\sqrt{p(1-p)} = $ Standardabweichung der Grundgesamtheit

s^* entspricht $\sqrt{\dfrac{N}{N-1} p(1-p)} = $ korrigierte Standardabweichung der Grundgesamtheit

Die Schätzverfahren verlaufen analog zum Schätzen von $\bar{x}$. Ein gezogenes Element hat den Merkmalswert 1 oder 0. Der Erwartungswert ist der Anteilswert in der Grundgesamtheit:

$EP = p$

Wir können also den Anteilwert p der Grundgesamtheit durch den gefundenen Anteilswert P der Stichprobe schätzen.

Es gilt: Anteilswert der Stichprobe $= P$

Ferner gilt für die Varianz der Stichprobe: $S^2 = P(1 - P)$, für die Standardabweichung in der Stichprobe:

$$S = \sqrt{P(1-P)}$$

Analog zur Varianz des Mittelwerts $\overline{x}$ gilt für die Varianz von P:

$$\text{Varianz } P = \frac{S^2}{n} = \frac{p(1-p)}{n}$$

Da p normalerweise nicht bekannt ist, werden alle Werte wiederum aus der Stichprobe geschätzt, also gilt:

$$\text{Varianz } P = \frac{S^2}{n} = \frac{P(1-P)}{n}$$

Es gilt folgende Entsprechung:

$$S^2 = \frac{1}{n} \sum_{i=1}^{n} \left(X_i - \overline{X}\right)^2 \text{ bzw. } = P(1-P)$$

Bei der Ermittlung von Mittelwerten ist eine korrigierte Varianz sinnvoll:

$$S^{*2} = \frac{1}{n-1}\left(X_i - \overline{X}\right)$$

Ähnliches ist beim Schätzen von Anteilswerten nicht notwendig und auch nicht sinnvoll, weil Anteilswerte nur bei größeren Stichproben sinnvollerweise ausgewiesen werden können, bei denen der Faktor 1/n-1 durch 1/n ersetzt werden kann.

Die Varianz P ist eine erwartungstreue Schätzfunktion für die Varianz p und ist zweitens (analog zur Berechnung von Mittelwerten) der Wert, der die Genauigkeit von Schätzungen des Anteilswertes der Grundgesamtheit aus den Werten der Stichprobe bestimmt. Je höher die Varianz ist, desto größer muß die Stichprobe sein, um den Schätzfehler der sich durch die große Varianz ergibt, auszugleichen. Aber wann ist P (1-P) größer, wann kleiner? Wir können leicht zeigen, daß P(1-P) bei P = 0,5 maximal ist, also bei mittleren Anteilswerten.

$$P(1-P) = P - p^2$$

Erste Ableitung: nach P:

$$1 - 2P$$

Erste Ableitung = 0, zur Bestimmung der Extremwerte:

$$1 - 2P = 0$$

Daraus folgt:
$$2P = 1$$
$$P = 0,5$$

Dementsprechend ist P bei sehr kleinen Anteilen und bei sehr großen Anteilen minimal, also im Bereich von P = 0,05 oder P = 0,95.

Folgende Beispiele mögen das verdeutlichen:

bei P = 0,5 ergibt sich: $0,5(1-0,5)=0,5-0,5^2=0,25$
bei P = 0,05 ergibt sich: $0,05(1-0,05)=0,05-0,05^2=0,0475$
bei P = 0,95 ergibt sich: $0,95(1-0,95)=0,95-0,95^2=0,0475$

Nun kommen wir vom „Ziehen mit Zurücklegen" zum „Ziehen ohne Zurücklegen".

Wiederum ist für das Ziehen ohne Zurücklegen ein Korrekturfaktor einzufügen:

$$\left(1 - \frac{n}{N}\right)$$

Daraus ergibt sich für die Schätzung der Varianz P:

$$VarP = \frac{P(1-P)}{n}\left(1 - \frac{n}{N}\right)$$

Auch jetzt kann der Korrekturfaktor bei $n/N \leq 0,05$ vernachlässigt werden.

2.5   Häufigkeitsverteilung

Wir beobachten das Kaufverhalten von $n = 500$ Haushalten. Gefragt ist, wie oft die Haushalte ein bestimmtes Produkt während einer bestimmten Zeitperiode gekauft haben. Wir stellen fest:

Anzahl der Haushalte	kaufte x-mal
125	1
100	2
75	3
50	4
50	5
40	6
30	7
30	8

Daraus lassen sich folgende Häufigkeiten bestimmen:

1.   Absolute Häufgkeiten, wie sie aus obigen Angaben ersichtlich sind: n_i

2.   Relative Häufigkeit n_i/n f_i

3   Kumulierte absolute Häufigkeit $\sum_{i=1}^{n} n_i$

4.   Kumulierte relative Häufigkeit $\sum_{i=1}^{k} f_i$

Es ergibt sich folgende Arbeitstabelle:

Kaufhäufigkeit X_i	1	2	3	4	5	6	7	8
abs.Häufigkeit n_i	125	100	75	50	50	40	30	30
rel. Häufigkeit f_i	25%	20%	15%	10%	10%	8%	6%	6%
kum. abs. Häufigkeit $\sum n_i$	125	225	300	350	400	440	470	500
kum. rel. Häufigkeit $\sum f_i$	25%	45%	60%	70%	80%	88%	94%	100%

Die kumulierten Häufigkeiten geben Antwort auf die Frage, wie viele Merkmalsträger wenigstens den Wert x aufweisen, bei denen also $X_i \geq x$ oder höchstens x aufweisen, bei denen also $X_i \leq x$ gilt.

Dazu benutzen wir die Summenhäufigkeitsfunktion: **SHF**.

Die absolute SHF lautet:

$$\text{abs } F(x) = \sum_{xi \leq x} n_i$$

Die relative SHF lautet:

$$\text{rel } F(x) = \sum_{xi \leq x} f_i$$

Lautet die Frage also: wie viele Haushalte **höchstens** viermal gekauft haben, so haben wir:

$$\text{abs } F(4) = \sum_{i=1}^{4} n_i = 125 + 100 + 75 + 50 = 350$$

$$\text{rel } F(4) = \sum_{i=1}^{4} f_i = 25\% + 20\% + 15\% + 10\% = 70\%$$

Lautet die Frage, wie viele Haushalte **mindestens** fünfmal gekauft haben, so folgt daraus für die absoluten Häufigkeiten:

N–F(X-1), also: N-F(4)
500–350=150

Und für die relativen Häufigkeiten:

1-F(X-1), also: 1-F(4)
1-0,7=0,3 bzw. 30 %

2.6   Konzentrationsmaße

Manchmal interessiert, wie sich ein Merkmal über die Grundgesamtheit verteilt. Wie verteilen sich Merkmale wie Einkommen, Vermögen oder Umsatz über die Gesamtheit der Haushalte, Unternehmungen oder Produkte? Ist der Umsatz über alle Kunden gleichmäßig verteilt oder gibt es wenige besonders wichtige und viele eher unwichtige Kunden?

Für die folgenden Ausführungen nehmen wir der Einfachheit halber immer an, daß es sich um verhältnisskalierte Merkmale wie Einkommen, Umsatz usw. handelt. (Verhältnisskalierte Merkmale weisen einen absoluten feststehenden Nullpunkt auf, der nicht frei entscheidbar ist.) Die Merkmalsträger werden in eine Rangreihe gebracht, wobei der Merkmalsträger mit der höchsten Ausprägung am Anfang steht. Es folgt der mit der zweithöchsten Ausprägung, usw., es gilt also:

$$x_1 \geq x_2 \geq x_3 \ldots \geq x_n$$

$$\sum_{xi=1}^{n}$$

wird als die Merkmalssumme bezeichnet.

Wenn wir unseren Umsatz mit 10 Kunden abwickeln, so wäre die Merkmalssumme der Umsatz mit allen 10 Kunden. Man kann einen beliebigen Anteil aller n Merkmalsträger definieren, z. B. 20 % und möchte wissen, welchen Anteil an der Merkmalssumme diese auf sich vereinigen. Als Konzentrationsmaß gilt der Quotient aus der Merkmalssumme dieser 20 % Merkmalsträger (also der

Umsatz, der bei insgesamt 10 Kunden mit den beiden größten Kunden erzielt wird) und der Merkmalssumme aller Merkmalsträger:

$$k = \frac{\sum_{i=1}^{g} X_i}{\sum_{i=1}^{n} X_i}$$

bezeichnet den kumulierten relativen Anteil der g größten Merkmalsträger.

Die Anzahl der einbezogenen Objekte ist g und

$$l = \frac{g}{n}$$

bezeichnet den relativen Anteil der einbezogenen Objekte an der Grundgesamtheit.

Diese beiden Werte lassen sich in folgendes Koordinatensystem eintragen, z.B. für l=20 % und k = 60 %:

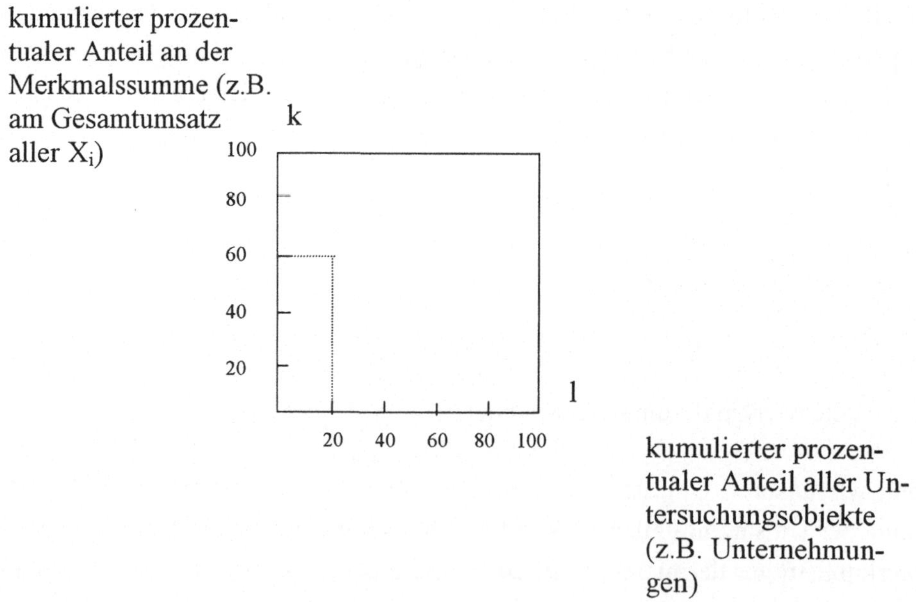

Abbildung 1: Graphische Darstellung von l und k

Dieser Wert wird für alle kumulierten prozentuale Anteile ermittelt. Dann erhalten wir n Punkte

$$k_1/l_1 \qquad k_2/l_2 \qquad k_3/l_3 \qquad \ldots \qquad k_n/l_n$$

Diese können wir alle in das oben dargestellte Koordinatensystem eintragen und deren Verbindungslinie (einschließlich dem Nullpunkt) ergibt die Konzentration, wie sie etwa bei Systemuntersuchungen zur ABC-Analyse eingesetzt wird.

Nehmen wir an, wir machen mit unseren 10 Kunden jeweils folgenden Umsatzanteil

Kunde	1	2	3	4	5	6	7	8	9	10
% Anteil am Umsatz	30	25	15	10	6	4	3	3	2	2

Dann ergibt das kumuliert (wobei jeder Kunde 10 % aller Kunden darstellt) unter Hinzufügung noch des Nullpunkts)

Kunden in % kumuliert	0	10	20	30	40	50	60	70	80	90	100
% Anteil am Umsatz kumuliert	0	30	55	70	80	86	90	93	96	98	100

Eingesetzt in das Diagramm ergibt das, wenn wir die Punkte gradlinig miteinander verbinden, die Konzentrationskurve, wie sie etwa für die ABC-Analyse verwendet wird (Abbildung 2).

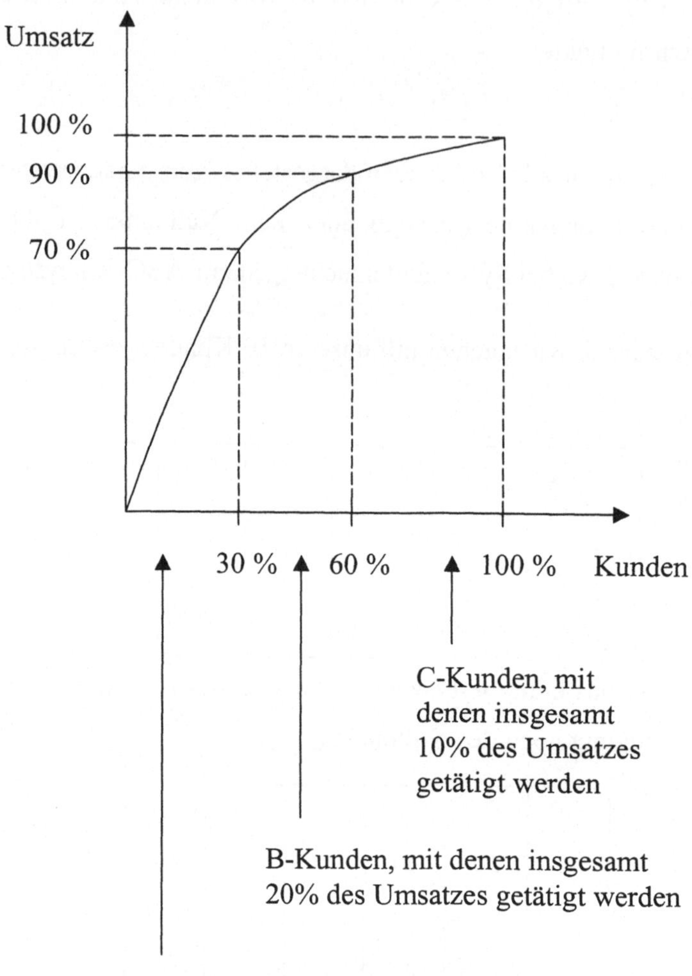

Abbildung 2: Konzentrationskurve (zur ABC-Analyse)

Es ist ebenso möglich, statt der Konzentrationskurve die bekannte **Lorenzkurve** zu entwickeln, in der die x_i aufsteigend sortiert werden, indem also nicht mit der größten sondern mit der kleinsten Einheit begonnen wird. Man fragt also, welches sind die 20 % der Untersuchungseinheiten mit der kleinsten Merkmalsausprägung und welchen Anteil haben diese an der Merkmalssumme?

Die Lorenzkurve wird immer im Rahmen ihres „100 % x 100 %-Rechteckes" gezeichnet, und zusätzlich wird die Diagonale D in dieses Rechteck eingezeichnet.

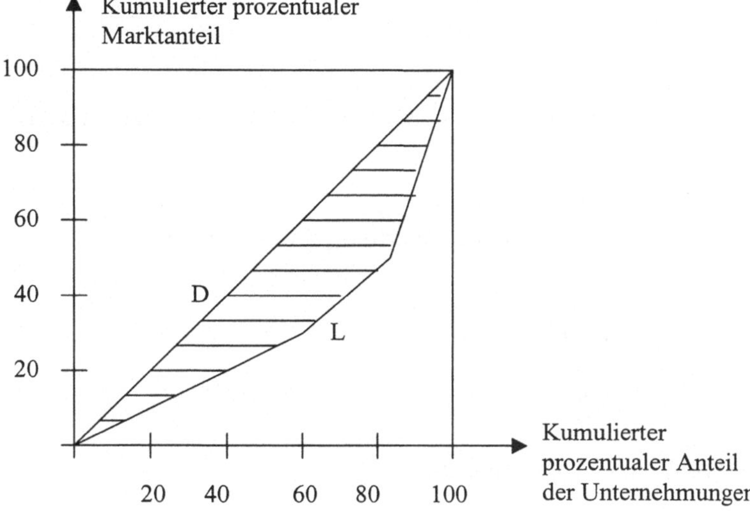

Abbildung 3: Lorenzkurve nach Bamberg & Baur (1998, S. 25)

Wenn alle Merkmalsträger exakt die gleiche Merkmalsausprägung aufweisen (völlige Gleichverteilung also, es seien beispielsweise alle Bürger eines Landes gleichvermögend), entspricht die Lorenzkurve der in obiger Abbildung eingetragenen Diagonalen D. Die Fläche unterhalb von D drückt das Ausmaß der Konzentration aus; im Falle von D = L ist die Konzentration 0. Im Falle einer totalen Konzentration, d. h. ein Objekt verfügt über die gesamte Merkmalssumme, alle anderen verfügen über nichts, ist das Konzentrationsmaß maximal und umfaßt (fast) die gesamte Fläche unterhalb von D im Rechteck, ist also fast gleich der Fläche zwischen L von D. Dementsprechend wird das Konzentrationsmaß durch die Fläche unter D ausgedrückt.

Das Konzentrationsmaß wird durch den Gini-Koeffizienten bestimmt, der folgendermaßen definiert ist:

$$G = \frac{\text{Fläche zwischen D und L}}{\text{Fläche oberhalb von D innerhalb des gesamten Koordinatensystems}}$$

Wenn wir wie Bamberg & Baur die Lorenzkurve unterhalb von D plazieren, lautet der Gini-Koeffizient:

$$G = \frac{\text{Fläche zwischen D und L}}{\text{Fläche unterhalb von D innerhalb des gesamten Koordinatensystems}}$$

G läßt sich mit Hilfe der x_i-Werte direkt berechnen:

$$G = \frac{2\sum_{i=1}^{n} i \cdot x_i - (n+1)\sum_{i=1}^{n} x_i}{n\sum_{i=1}^{n} x_i}$$

Bei relativen Merkmalswerten

$$P_i = \frac{x_i}{\sum_{i=1}^{n} x_i}$$

ergibt sich:

$$G = \frac{2\sum i\, P_i - (n+1)}{n}$$

Normierter Gini-Koeffizient

Zwar ist G = 0, wenn alle Anteile gleich sind, aber es ist G < 1, wenn einer alles besitzt, wenn also vollständige Konzentration herrscht. Setzt man $p_i = 0$ für alle i = 1, ..., n-1 und $p_n = 1$ in die Formel ein, so ergibt sich der Maximalwert G_{max}.

$$G_{max} = \frac{2\sum ip_i(n+1)}{n} = \frac{2(0+0...+0)-(n+1)}{n} = \frac{n-1}{n}$$

Das ist bei kleinerem n von Bedeutung, heißt es doch, daß auf einem Markt mit drei Unternehmungen mit G_{max} = 0,666 bereits vollständige Konzentration herrscht und z. B. g = 0,6 bereits sehr nahe beim Maximum liegt. Um immer mit demselben Maximalwert 1 vergleichen zu können, geht man nun zum normierten **Gini-Koeffizienten** G* über, indem man G durch G_{max} teilt:

$$G^* = \frac{G}{G_{max}}$$

Statt nun G = 0,6 nahe bei G_{max} = 0,666 anzugeben, ist es einfacher zu sehen, daß G* = 0,6 (2/3) = 0,9 nahe bei 1,0 liegt.

Beispiel: Von fünf Unternehmen einer Branche haben vier je 5 % Marktanteil und eines 80 %. Es errechnet sich G = 0,6. Nun kauft der Stärkste drei der kleineren auf. Für diesen Markt mit zwei Teilnehmern (5 % bzw. 95 % Marktanteil) errechnet sich G = 0,45. Dieser scheinbare Widerspruch verschwindet, wenn man im ersten Fall die 0,6 bezogen auf den Maximalwert 0,8, im zweiten dagegen die 0,45 bezogen auf den Maximalwert 0,5 sieht. Das heißt bei Übergang zum normierten Ginikoeffizienten, im ersten Fall G*= 0,6/0,8 = 0,75, im zweiten Fall G*= 0,45/0,5 = 0,9.

Ein weiteres Beispiel: In einem Land seien in einer bestimmten Branche insgesamt zehn Firmen vorhanden; der Jahresumsatz der Firmen betrage (in Mio DM): 10, 10, 10, 10, 20, 20, 20, 20, 60.

Dann ist der Gesamtumsatz der Branche 200 Mio DM, und die relativen Merkmalswerte (das sind dann auch die Marktanteile) sind

$p1 = p2 = p3 = p4 = 0,05$; $p5 = p6 = p7 = p8 = p9 = 0,1$; $p10 = 0,3$

Für den Gini-Koeffizienten benötigen wir

$$\Sigma i \cdot p_i = \quad 1 \cdot 0,05 + 2 \cdot 0,05 + 3 \cdot 0,05 + 4 \cdot 0,05 + 5 \cdot 0,1 + 6 \cdot 0,1 + 7 \cdot 0,1 + 8 \cdot 0,1$$
$$+ 9 \cdot 0,1 + 0 \cdot 10,3 = 7,0$$

und erhalten somit

$$G = (2 \cdot 7,0 \cdot 11)/10 = 0,3$$

Bei $n = 10$ Firmen in dieser Branche ist $G_{max} = 9/10 = 0,9$ und der normierte Gini-Koeffizient ergibt sich zu

$$G^* G/G_{max} = 0,3/0,9 = 0,333.$$

Fusioniert nun der Größte mit zwei der Nächstgroßen, so sind noch acht Firmen in dieser Branche vorhanden, und es ergibt sich:

$$\Sigma i \cdot p_i = 1 \cdot 0,05 + 2 \cdot 0,05 + 3 \cdot 0,05 + 4 \cdot 0,05 + 5 \cdot 0,1 + 6 \cdot 0,1 + 7 \cdot 0,1 + 8 \cdot 0,1 = 6,3$$
also $G = (2 \cdot 6,3 - 9)/8 = 0,45.$

Bei $n = 8$ Firmen ist $G_{max} = 7/8 = 0,875$ und der normierte Gini-Koeffizient ergibt sich zu $G_* = /G_{max} = 0,45/0,875 = 0,514.$

2.7 Indexzahlen

Die Preisindizes von Laspeyres und Paasche

Indexzahlen dienen dazu, Fragen wie „Haben sich die Lebenshaltungskosten gegenüber dem Vorjahr geändert?" oder „Sind die Aktienkurse gegenüber dem Vortag gestiegen?" mit einer Zahl griffig zu beantworten. Weil es den einen, richtigen Index nicht gibt, gibt es verschiedene, jeder mit seinen Vor- und Nachteilen. Hier werden nur die beiden in der Praxis gebräuchlichsten betrachtet.

Grundlegend ist hier der Begriff des Warenkorbs, den man sich tatsächlich als Einkaufswagen vorstellen kann, z. B. der Warenkorb einer „Standard-Familie mit zwei Kindern". Der wird durch den Supermarkt geschoben, und der Jahresbedarf an Lebensmitteln, Getränken, Putzmitteln, ... aber auch Kfz-Haltung und Urlaubsreisen wird in ihn hineingelegt. Das sind insgesamt n Güter, numeriert mit den Nummern 1 bis n. Nicht nur die Art der Güter sondern auch die Menge, die von jedem Gut pro Jahr (z. B. 1998) benötigt werden, werden aufgrund von Verbrauchergewohnheiten festgestellt und notiert:

$$q_{1998}^{(1)}, q_{1998}^{(2)}, q_{1998}^{(3)}, ..., q_{1998}^{(n)}.$$

Der so gefüllte Warenkorb wird dann zur Kasse gefahren. Dort wird mit den aktuellen Preisen der n Güter im Jahr 1998

$$p_{1998}^{(1)}, p_{1998}^{(2)}, p_{1998}^{(3)}, ..., p_{1998}^{(n)}.$$

entsprechend multipliziert und zum Gesamtbetrag addiert

$$p_{1998}^{(1)} \cdot q_{1998}^{(1)} + p_{1998}^{(2)} \cdot q_{1998}^{(2)} + ... + p_{1998}^{(n)} \cdot q_{1998}^{(n)}.$$

Zuhause dann rechnet unsere „Standard-Familie" mit den im letzten Jahr notierten Preisen durch, was genau dieser Warenkorb zu den Preisen vom Vorjahr gekostet hätte:

$$p_{1997}^{(1)} \cdot q_{1998}^{(1)} + p_{1997}^{(2)} \cdot q_{1998}^{(2)} + \ldots + p_{1998}^{(n)} \cdot q_{1998}^{(n)}.$$

Das Verhältnis „Einkaufskosten 1998" zu (fiktiven) „Einkaufskosten 1997", also

$$\frac{\sum p_{1998}^{(i)} \cdot q_{1998}^{(i)}}{\sum p_{1997}^{(i)} \cdot q_{1997}^{(i)}}$$

ist dann der „Preisindex von Paasche" für das Jahr 1998 bezogen auf das Jahr 1997, der die Preissteigerung im Jahr 1998 gegenüber dem Jahr 1997 beschreibt.

Der Nachteil bei diesem Preisindex ist, daß für jedes Jahr, für das er berechnet werden soll, die aktuellen Verbrauchsmengen neu bestimmt werden müssen.

Dies entfällt beim Preisindex von Laspeyres, bei dem nur für ein bestimmtes Jahr, das Basisjahr (z. B. 1995) den Inhalt des Warenkorbs nach Art und Menge festgelegt werden muß. Mit den Preisen des Basisjahres ergeben sich die Einkaufskosten dieses Warenkorbs im Basisjahr 1995:

$$\sum p_{1995}^{(i)} \cdot q_{1995}^{(i)}.$$

In den Folgejahren werden nur noch die aktuellen Preise erhoben und mit diesen dann errechnet, was der Einkauf des „95er Warenkorbs" in dem jeweiligen Jahr (z. B. 1998) kosten würde:

$$\sum p_{1998}^{(i)} \cdot q_{1995}^{(i)}$$

Das Verhältnis „Einkaufskosten 1998" zu „Einkaufskosten 1997", also

$$\frac{\sum p_{1998}^{(i)} \cdot q_{1998}^{(i)}}{\sum p_{1995}^{(i)} \cdot q_{1995}^{(i)}}$$

ist dann der „Preisindex von Laspeyres" für das Jahr 1998 bezogen auf das Basisjahr 1995.

In der allgemeinen Form mit dem aktuellen sogenannten Berichtsjahr t, für das der Index die Preissteigerung gegenüber dem Basisjahr 0 angibt, sind **der Preisindex von Laspeyres**

34

$$P_{0,t}^{L}$$

und der **Preisindex von Paasche**

$$P_{0;t}^{P}$$

folgendermaßen definiert:

$$P_{0,t}^{L} = \frac{\sum p_{t}(i) \cdot q_{0}(i)}{\sum p_{0}(i) \cdot q_{0}(i)}, \quad P_{0,t}^{P} = \frac{\sum p_{t}(i) \cdot q_{t}(i)}{\sum p_{0}(i) \cdot q_{t}(i)}$$

Beispiel: Betrachtet wird ein „Kleiner Frühstückswarenkorb" (dessen Daten weniger der Realität als der leichteren Berechenbarkeit angepaßt sind), mit folgenden Preis- und Mengenangaben für die Jahre 1995 bis 1998:

Preise	**1995**	**1996**	**1997**	**1998**
Semmeln (Stück)	0,45	0,50	0,50	0,45
Butter (kg)	9,00	9,00	9,50	9,50
Marmelade (kg)	6,00	6,50	6,50	7,00
Eier (Stück)	0,30	0,30	0,30	0,40
Kaffee (kg)	19,00	20,00	21,00	20,00
Mengen	**1995**	**1996**	**1997**	**1998**
Semmeln (Stück)	400	420	400	420
Butter (kg)	16	14	12	10
Marmelade (kg)	100	110	120	130
Eier (Stück)	100	90	80	70
Kaffee (kg)	24	22	20	22

Damit ist der Laspeyres-Index

$$P^L_{1995,1996} = \cdot \frac{\mathbf{0,50} \cdot 400 + \mathbf{9,00} \cdot 16 + \mathbf{6,50} \cdot 100 + \mathbf{0,30} \cdot 100 + \mathbf{20,00} \cdot 24}{0,45 \cdot 400 + 9,00 \cdot 16 + 6,00 \cdot 100 + 0,30 \cdot 100 + 19,00 \cdot 24} = \frac{1504}{1410} = 1,067$$

und der Paasche-Index:

$$P^P_{1995,1996} = \frac{\mathbf{0,50} \cdot \mathbf{420} + \mathbf{9,00} \cdot \mathbf{14} + \mathbf{6,50} \cdot \mathbf{110} + \mathbf{0,30} \cdot \mathbf{90} + \mathbf{20,00} \cdot \mathbf{22}}{0,45 \cdot \mathbf{420} + 9,00 \cdot \mathbf{14} + 6,00 \cdot \mathbf{110} + 0,30 \cdot \mathbf{90} + 19,00 \cdot \mathbf{22}} = \frac{1518}{1420} = 1,069$$

(Zur Verdeutlichung wurden hier die Werte des Berichtsjahres **1996** gegenüber denen des Basisjahres 1995 fett gesetzt.)

Zu weiteren Preisindizes und allgemeinen Indexzahlen – einschließlich deren kritischer Betrachtung - siehe etwa Bamberg & Baur (1998, S. 58).

Aufgabe: Man berechne mit den Daten des Beispiels oben den Laspeyres- und Paasche-Index für die Berichtsjahre 1997 und 1998 jeweils zum Basisjahr 1995.

Übungsaufgaben

2.1. Wir nehmen an, daß eine Stichprobe von n = 12 Personen bezüglich irgendeiner Beurteilung befragt wurde und dabei eine 9er Intervallskala verwendet wurde (1 = extreme Ablehnung, 9 = extreme Zustimmung). Es finden sich folgende Merkmalsausprägungen:

$x_1 = 1$	$x_5 = 5$	$x_9 = 4$
$x_2 = 1$	$x_6 = 4$	$x_{10} = 7$
$x_3 = 3$	$x_7 = 8$	$x_{11} = 4$
$x_4 = 7$	$x_8 = 2$	$x_{12} = 2$

Bestimmen Sie:

Mittelwert $\overline{X}$

Varianz der Stichprobe S^{*2}

Standardabweichung der Stichprobe S^*

2.2 Bei zwölf Zulieferern einer Firma wurde die Anzahl der Lieferungen im letzten Monat notiert: 2, 3, 4, 2, 4, 5, 4, 5, 4, 5, 6, 4. Man bestimme das arithmetische Mittel, den Median und den Modus.

2.3 30 Kunden einer Werkstatt werden (wie im Beispiel oben 2.3) nach ihrer Zufriedenheit befragt. 15 Kunden waren sehr zufrieden, 9 Kunden unzufrieden und 6 sehr unzufrieden. Man bestimme Median und Modus. Welchen der beiden Werte wird die Werkstatt wohl als Eigenwerbung verwenden?

2.4 Ein Unternehmen hat nach einer radikalen Umstellung der Produktion im ersten Jahr eine Kostenreduzierung um 40 %, in den beiden Folgejahren nochmals jeweils 10 % gegenüber dem Vorjahr. Wie groß ist in diesen drei Jahren die durchschnittliche Kostenreduzierung?

2.5   In einem kleinen Unternehmen mit fünf Beschäftigten verdient der Geschäftsführer 500.000,- DM im Jahr, die anderen vier 50.000,- DM pro Jahr. Welchen Mittelwert wählen Sie, wenn sie gefragt werden „was dort so im Mittel verdient wird"?

2.6   Für einen Warenkorb mit sechs Gütern bestimme man die Preisindizes von Laspeyres und Paasche

a)   für das Berichtsjahr 1995 zum Basisjahr 1994

b)   für das Berichtsjahr 1996 zum Basisjahr 1994.

Preise	1994	1995	1996
Gut Nr. 1	17	17	34
Gut Nr. 2	14	18	28
Gut Nr. 3	18	20	36
Gut Nr. 4	7	6	14
Gut Nr. 5	13	12	26
Gut Nr. 6	9	11	18

Mengen	1994	1995	1996
Gut Nr. 1	14	18	14
Gut Nr. 2	15	10	15
Gut Nr. 3	12	14	12
Gut Nr. 4	110	24	110
Gut Nr. 5	40	96	40
Gut Nr. 6	33	26	33

2.7 (Ziehen ohne Zurücklegen/Ziehen mit Zurücklegen)

In einer Lostrommel liegen 100 Lose, jedes zehnte ist ein Gewinn. Wie groß ist die Wahrscheinlichkeit, bei zufälliger Entnahme von 5 Losen

a) keinen Gewinn
b) genau einen Gewinn
c) mindestens einen Gewinn
d) mindestens zwei Gewinne gezogen zu haben?
e) Wieviel Lose muß man mindestens entnehmen, um mit absoluter Sicherheit mindestens einen Gewinn zu haben?

2.8 Bei einem Computerglücksspiel sei die Wahrscheinlichkeit, bei einem Spiel zu gewinnen, gleich 0,1. Wie groß ist die Wahrscheinlichkeit, daß bei fünfmaligem Spielen

a) keinmal
b) genau einmal
c) mindestens einmal
d) mindestens zweimal gewonnen wird?
e) Wie oft muß man hier mindestens spielen, um mit absoluter Sicherheit mindestens einmal gewonnen zu haben?

3. Korrelation

3.1 Korrelation nach Bravais-Pearson

Korrelation heißt Wechselbeziehung. Ob zwei Merkmale in Wechselbeziehung stehen, kann die Statistik nicht feststellen, aber sie kann einen Hinweis darauf geben und wenn eine Wechselbeziehung besteht, die Stärke dieser Beziehung messen. Es werden also zwei intervallskalierte Merkmale X und Y gleichzeitig an mehreren Merkmalsträgern untersucht. Als Urliste, also als Ergebnis der Erhebung, liegt dann ein Satz von n Zahlenpaaren (x_1, y_1), (x_2, y_2), ..., (x_n, y_n) vor.

Beispiel 1: Bei zehn Studentinnen im Grundstudium wurde nach dem monatlichen Aufwand für Kleidung (X) und dem monatlichen Aufwand für Körperpflege bzw. Kosmetik (Y) gefragt. Die Ergebnisse, jeweils in ganzen Mark angegeben, waren wie folgt: (150, 90), (150, 100), (100, 50), (120, 80), (120, 90), (220, 100), (20, 10), (100, 70), (40, 10), (80, 40). Das sieht tabellarisch wie folgt aus:

Kleidung X	150	150	100	120	120	220	20	100	40	80
Kosmetik Y	90	100	50	80	90	100	10	70	10	40

Es ist sinnvoll, sich von der Menge der Zahlenpaare zunächst einen graphischen Überblick mit einem Streuungsdiagramm zu verschaffen:

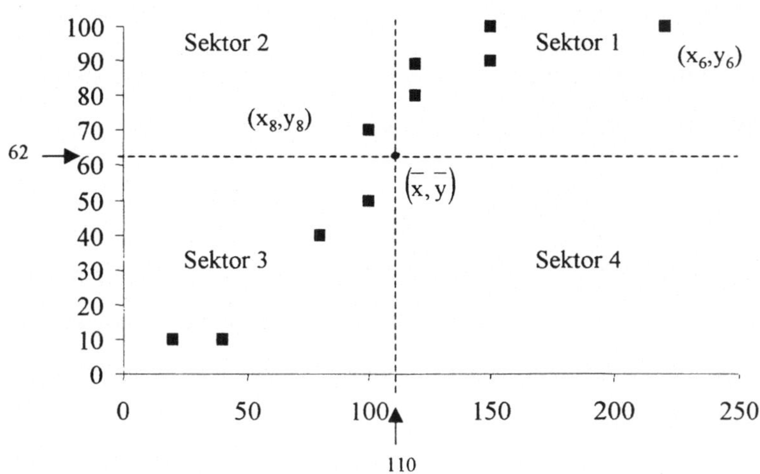

Abbildung 4: Korrelation zu Beispiel 1 graphisch

Der graphische Überblick zeigt, daß zu „großen" Ausgaben bei X auch meist „große" Ausgaben bei Y gehören und „kleine" Werte von X zu „kleinen" Werten von Y. „Groß" und „klein" sind etwas vage Begriffe, weshalb im Diagramm zusätzlich noch der Punkt

$$\overline{x}, \overline{y}$$

eingezeichnet ist. Und nun wird es präziser, wenn man die Werte jeweils auf den zugehörigen Mittelwert bezieht, genauer gesagt, wenn man

$$x_i - \overline{x} \quad \text{und} \quad y_i - \overline{y}$$

für alle erhobenen Werte bildet; hat man zuvor noch nach aufsteigenden x-Werten sortiert, so sieht man nun recht deutlich, daß zu den meisten negativen x-Differenzen negative y-Differenzen gehören und zu den meisten positiven x-Differenzen positive y-Differenzen.

i	x_i	y_i	$x_i - \overline{x}$	$y_i - \overline{y}$	Vor-zeichen $x_i - \overline{x}$	Vor zeichen $y_i - \overline{y}$	Produkt der Vor-zeichen
7	20	10	-90	-54	-	-	+
9	40	10	-70	-54	-	-	+
10	80	40	-30	-24	-	-	+
3	100	50	-10	-14	-	-	+
8	100	70	-10	6	-	+	-
4	120	80	10	16	+	+	+
5	120	90	10	26	+	+	+
1	150	90	40	26	+	+	+
2	150	100	40	36	+	+	+
6	220	100	110	36	+	+	+
Σ	1100	640					
Arithm. Mittel.	110	64					

Diese Anzahl der Vorzeichen-Übereinstimmungen - das ist übrigens nichts anderes als die Anzahl der Punkte, die im Streuungsdiagramm in den Sektoren 1 und 3 liegen – ist bereits ein Indikator für die Stärke der Korrelation. Da aber ein weit von (x, y) entfernter und in Sektor 1 liegender Punkt wie z.B. (x_6, y_6) gewichtiger für den Zusammenhang der beiden Merkmale zählt als ein dicht bei $(\overline{x}, \overline{y})$, aber nicht in Sektor 1 oder 3 liegender wie etwa (x_8, y_8), werden die Produkte der Abstände $(x_i - \overline{x}) \cdot (y_i - \overline{y})$ über alle i addiert:

$$\sum_{i=1}^{n} \left(x_i - \overline{x}\right) \cdot \left(y_i - \overline{y}\right)$$

Diese Summe ist noch nicht als Maß verwendbar, da sie zum einen beliebig groß werden kann, insbesondere aber etwa bei Verdopplung aller x-Werte und aller y-Werte viermal so groß wird, ohne daß sich an der Stärke der Korrelation etwas geändert hätte. Da aber gezeigt werden kann, daß ganz allgemein

$$\sum_{i=1}^{n} \left(x_i - \overline{x}\right) \cdot \left(y_i - \overline{y}\right) \leq \sqrt{\sum_{i=1}^{n} \left(x_i - \overline{x}\right)^2 \cdot \sum_{i=1}^{n} \left(y_i - \overline{y}\right)^2}$$

gilt, wird mit

$$r = \frac{\sum_{i=1}^{n} \left(x_i - \overline{x}\right)\left(y_i - \overline{y}\right)}{\sqrt{\sum_{i=1}^{n} \left(x_i - \overline{x}\right)^2 \cdot \sum_{i=1}^{n} \left(y_i - \overline{y}\right)^2}}$$

der Korrelationskoeffizient (von Bravais-Pearson) definiert.

Zur Berechnung ergänzen wir die bereits oben angesetzte Tabelle um drei Spalten, in denen die gemischten Produkte und die Quadrate der Abstände für jedes Zahlenpaar eingetragen werden. Die Spaltensummen sind dann gerade die drei für die Berechnung von r benötigten Werte:

I	x_i	y_i	$x_i - \bar{x}$	$y_i - \bar{y}$	$(x_i - \bar{x})^2$	$(y_i - \bar{y})^2$	$(x_i - \bar{x}) \cdot (y_i - \bar{y})$
7	20	10	-90	-54	8100	2916	4860
9	40	10	-70	-54	4900	2916	3780
10	80	40	-30	-24	900	576	720
3	100	50	-10	-14	100	196	140
8	100	70	-10	6	100	36	-60
4	120	80	10	16	100	256	160
5	120	90	10	26	100	676	260
1	150	90	40	26	1600	676	1040
2	150	100	40	36	1600	1296	1440
6	220	100	110	36	12100	1296	3960
$\sum$	1100	640			29600	10840	16300
Arithm. Mittel.	110	64	0	0			

also

$$r = \frac{16300}{\sqrt{29600 \cdot 10840}} = 0{,}909970 = 0{,}910$$

Die im Beispiel zuvor betrachtete Wechselbeziehung war gleichsinnig, d.h. große x-Werte traten zusammen mit großen y-Werten auf und umgekehrt. Die Wechselbeziehung kann aber auch gegenläufig sein, wie das folgende Beispiel zeigt.

Beispiel: In einem Supermarkt wurde bei acht Kassiererinnen die Berufserfahrung (X in Monaten) und die Anzahl der der Kassiererin im vergangenen Monat unterlaufenen Abrechnungsfehler (Y) festgehalten:

i	1	2	3	4	5	6	7	8
x_i	1	3	6	8	10	14	18	20
y_i	11	8	5	4	2	0	2	0

(Wenn hier nicht darauf geachtet worden ist, daß die Kassiererinnen alle die gleiche Zeit an der Kasse beschäftigt waren, ist diese Untersuchung natürlich nicht sehr sinnvoll!)

Das Streuungsdiagramm ist in Abbildung 5 angegeben, die Berechnung des Korrelationskoeffizienten wird im folgenden dargestellt.

Anmerkung: In Taschenrechnern und in Statistikprogrammen werden sukzessiv nach jeder Eingabe eines Wertepaares (x_i, y_i) in sechs Speicherplätzen die folgenden Summen mitgerechnet

$$n \qquad \sum x_i \qquad \sum y_i \qquad \sum x_i \cdot y_i \qquad \sum x_i \qquad \sum y_i$$

der Korrelationskoeffizient wird dann gemäß der Formel

$$r = \frac{\sum x_i y_i - \frac{1}{n} \sum x_i \cdot \sum y_i}{\sqrt{\left[\sum x_i^2 - \frac{1}{n} (\sum x_i)^2 \right] \left[\sum y_i^2 - \frac{1}{n} (\sum y_i)^2 \right]}}$$

berechnet. Dies erspart die Vorberechnung von $\bar{x}$ und $\bar{y}$, führt aber bei den Quadratsummen schnell zu sehr großen Zahlen.

I	x_i	y_i	$x_i - \bar{x}$	$y_i - \bar{y}$	$(x_i - \bar{x})^2$	$(y_i - \bar{y})^2$	$(x_i - \bar{x}) \cdot (y_i - \bar{y})$
1	1	11	-9	7	81	49	-63
2	3	8	-7	4	49	16	-28
3	6	5	-4	1	16	1	-4
4	8	4	-2	0	4	0	0
5	10	2	0	-2	0	4	0
6	14	0	4	-4	16	16	-16
7	18	2	8	-2	64	4	-16
8	20	0	10	-4	100	16	-40
Σ	80	32	0	0	330	106	-167
Arithm. Mittel.	10	4					

$$r = \frac{-167}{\sqrt{330 \cdot 106}} = 0{,}8929$$

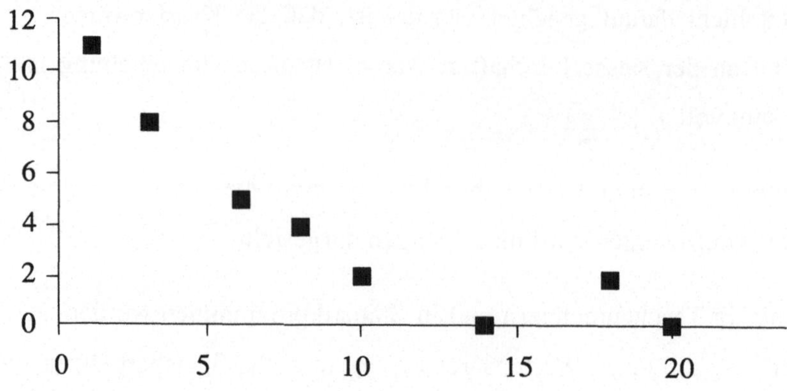

Abbildung 5: Streuungsdiagramm zum Kassiererinnen-Beispiel

Übungsaufgaben

3.1 Zwischen zwei Merkmalen bestehe vollständige Korreliertheit, d. h. daß für alle erhobenen Wertepaare (x_i, y_i) festgestellt wurde, daß $y_i = 2 \cdot x_i$ für alle $i = 1, ..., n$ gilt. Man zeige, daß in diesem Fall $r = 1$ ist.

3.2 Es liegen die Wertepaare (x_i, y_i), $i = 1, ..., 9$ vor: (1, 3), (1, 1), (3, 3), (2, 3), (3, 1), (2, 2), (1, 2), (2, 1), (3, 2). Man zeichne das Streuungsdiagramm und versuche aus diesem – zunächst ohne zu rechnen – den Korrelationskoeffizienten zu bestimmten.

3.3 Bei einer Erhebung war nach Einkommen und Wohnflächen gefragt. Bei sechs Befragungen finden sich folgende Werte für Einkommen (in tausend DM) X_i und Wohnfläche (in qm) Y_i:

	1	2	3	4	5	6
X_i	5	4,4	4,0	3,3	4,1	3,2
Y_i	150	100	90	100	74	80

3.2　Rang-Korrelation

X und Y seien jetzt zwei rangskalierte Merkmale, die bei n Merkmalsträgern untersucht wurden. Als Ergebnis liegt wieder eine Liste von Zahlenpaaren (x_i, y_i), $i = 1, ..., n$ vor. Um einen Zusammenhang zwischen den beiden Merkmalen zu messen, kann der Korrelationskoeffizient (von Bravais-Pearson) nicht unmittelbar verwendet werden. Das arithmetische Mittel ist hier nicht mehr sinnvoll und erst recht nicht der Vergleich von Abständen zwischen Werten. Somit wird jedem Merkmalsträger auf Grund der Größe des Merkmalswerts x_i eine der Zahlen 1 bis n als Rang R_i zugewiesen werden und analog auf Grund der Größe des Merkmalwerts y_i eine der Zahlen 1 bis n als Rang R'_i. Ein typisches Beispiel für eine solche Rangzuweisung ist etwa die Fußball-Bundesliga-Tabelle, in der jedem der 18 mitspielenden Vereine eindeutig eine der Nummern von 1 bis 18 (auf Grund von Punkten und weiteren Kriterien) als Tabellenplatz, also als Rang, zugewiesen wird.

Wendet man den Korrelationskoeffizienten von Bravais-Pearson auf diese Rangpaare R_i, R'_i an, so erhält man den Rangkorrelationskoeffizienten von Spearman

$$r_{sp} = 1 - \frac{6 \cdot \Sigma \left(R_i - R'_i\right)^2}{(n-1)n(n+1)}$$

Gilt $R_i = R'_i$ für alle i, hat also jeder Merkmalsträger bezüglich beider Merkmale denselben Rang, so ist offensichtlich $r_{sp} = 1$. Sind die Ränge dagegen genau gegensinnig auf die beiden Merkmalsträger verteilt ($R'_i = (n+1)-R$, für $i = 1, ..., n$), so ergibt sich $r_{sp} = -1$. Generell gilt

$$-1 \leq r_{sp} \leq 1$$

Beispiel: Nehmen wir noch einmal die Fußball-Bundesliga – jede x-beliebige Sportredaktion hat die Tabellenplätze für uns freundlicherweise bereits ausgerechnet. Wir wollen untersuchen, ob die Vereine in zwei aufeinanderfolgenden Spielzeiten (1996/97 und 1997/98) ungefähr die gleichen Tabellenplätze belegen oder nicht, wie stark also in zwei aufeinanderfolgenden Spielzeiten die Spielstärken der Vereine miteinander korreliert sind. Um dieselben 18 Vereine miteinander vergleichen zu können, setzen wir bereits in der ersten Spielzeit 1996/97 statt der drei Absteiger die drei Aufsteiger –etwas beliebig – auf die Plätze 16 bis 18.

Verein	Tabellenplatz 1996/97 $= R_i$	Tabellenplatz 1997/98 $= R'_i$	$= R_i - R'_i$	$= (R_i - R'_i)^2$
B München	1	2	1	1
Bayer Leverkusen	2	3	-1	1
Bor Dortmund	3	10	-7	49
VfB Stuttgart	4	4	0	0
VfL Bochum	5	12	-7	49
Karlsruher SC	6	16	-10	100
1860 München	7	13	-6	36
Werder Bremen	8	7	1	1
MSV Duisburg	9	8	1	1
1.FC Köln	10	17	-7	49
M`Gladbach	11	15	-4	16
Schalke 04	12	5	7	49
Hamburger SV	13	9	4	16
Arminia Bielefeld	14	18	-4	16
Hansa Rostock	15	6	9	81
(Kaiserslautern)	16	1	15	225
(Hertha BSC)	17	11	6	36
(VfL Wolfsburg)	18	14	4	16
			Σ	742

$$r_{sp} = \frac{1 - 6 \cdot 742}{(17 \cdot 18 \cdot 19)} = 0{,}2342$$

Dem wahren Fußballfan, der sowieso die ganzen Tabellen im Kopf hat, sagt dieser Wert nicht so viel, er weiß das besser und genauer. Dem Nicht-Fußballkenner zeigt der Wert aber, daß zwar nicht gleich eine Umkehrung der Tabellenplätze eintritt, aber daß doch ein großer Teil der Vereine im Folgejahr ziemlich anders plaziert ist – vielleicht liegt darin einer der ihm unbekannten Reize des Fußballspiels.

Übungsaufgaben

3.4　An einer Hochschule wurde ein Professoren-Ranking durchgeführt. Insgesamt zwölf verschiedene Kriterien konnten von den Studierenden bewertet werden (Notenskala 1 bis 6). Als Endnote bezüglich eines Kriteriums wurde das arithmetische Mittel aller diesbezüglich abgegebenen Noten gebildet. Zwar soll aus rangskalierten Noten kein arithmetisches Mittel gebildet werden, aber weil es eben fast immer den Vorteil bietet, eindeutig Ränge vergeben zu können, wird es eben verwendet.

Angegeben sind hier die aus den einzelnen abgegebenen Noten gemittelten Endnoten bezüglich der beiden Kriterien „Praxisbezug der Vorlesung" (Merkmal X) und „fachliche Souveränität" (Merkmal Y) bei 10 Professoren P_1, ..., P_{10}:

	P_1	P_2	P_3	P_4	P_5	P_6	P_7	P_8	P_9	P_{10}
Note bzgl. X	1,27	2,35	3,61	3,93	2,13	1,44	2,93	2,77	1,35	2,14
Note bzgl. Y	1,29	1,90	2,89	3,43	1,85	1,22	2,45	1,95	1,27	1,87

Man bestimme den Rangkorrelationskoeffizienten bezüglich der beiden Merkmale.

3.5 In einem Verbrauchertest wurden sechs Haushaltsgeräte vergleichbarer Funktion der Preisklasse 100 bis 200 Mark mit Punkten bewertet – maximal waren 100 Punkte erreichbar.

Gerät	G_1	G_2	G_3	G_4	G_5	G_6
Preis	100	112	118	280	290	300
Punkte	73	51	84	85	89	98

Man berechne den Bravais-Pearson-Korrelationskoeffizienten für die beiden Merkmale. Da Verkaufs-Preise nicht unbedingt intervallskaliert sind (- ist der Schritt von 280 zu 290 gleich dem Schritt von 290 zu 300?) und Punkte auch nicht unbedingt intervallskaliert sind (- sind 100 Punkte doppelt so gut wie 50 Punkte?), bestimme man auch den Rangkorrelationskoeffizienten von Spearman.

4. Regression

Regression hat hier die Bedeutung von Bezugnahme oder Rückgriff (Regreß).
Das Merkmal Y „greift auf das Merkmal X zurück", besser gesagt, ist von X ab-
hängig. Eigentlich wäre es besser, von Dependenz (Abhängigkeit) anstelle von
Regression zu sprechen.

Lineare Regression

X, Y seien kardinalskalierte Merkmale und Y sei von X abhängig. Die y-Werte
ergeben sich also im Prinzip aus einer linearen Funktion von der Gestalt
$y = a + bx$. Könnte man nun x- und y-Werte völlig genau messen, so genügte es,
zwei Wertepaare (x_1, y_1), (x_2, y_2) mit $x_1 \neq x_2$ zu bestimmen, und die zugehörige
Gerade bzw. die beiden Parameter a und b wären exakt zu berechnen.

Nun können aber x- und y-Werte meist nur ungenau und mit zufälligen Abweichungen vom „wahren" Wert erhoben werden. Was war der exakte Wert von x,
wenn für x der Meßwert 0,33 vorliegt? War es 0,32814 ... oder war es genau
$1/3 = 0{,}3333...$? Aufgrund solcher Ungenauigkeiten kann die „wahre" Funktion
$y = a + bx$ auch nicht exakt bestimmt werden. Mit Hilfe der Regressionsrech-
nung können aber Parameter $\hat{a}$ und $\hat{b}$ bestimmt werden, so daß $y = \hat{a} + \hat{b}x$ die
nach den Umständen und insbesondere gemäß den vorliegenden Daten die beste
Schätzung für die „wahre" Funktion $y = a + bx$ ist.

Beispiel: Das Beispiel liegt eher im naturwissenschaftlichen Bereich. Das kann
zum einen als Reverenz an diesen Bereich gesehen werden, schließlich wurde
diese Methode dort entwickelt. Zum anderen ist bei diesem Beispiel völlig klar,
daß die eine Variable von der anderen abhängig ist, und daß diese Abhängigkeit
linear ist.

Eine Schraubenfeder soll als Waage genutzt werden. Mit dem Ergebnis von
zehn Messungen, bei denen die Federlänge y in Abhängigkeit vom angehängten
Gewicht x bestimmt wurde, soll eine Skala erstellt werden, an der dann umgekehrt beliebige Gewichte abgelesen werden können.

Meßergebnisse (in Gramm bzw. cm):

i	1	2	3	4	5	6	7	8	9	10
x_i	0	50	100	150	250	500	250	150	100	50
y_i	52	61	71	81	102	152	106	85	75	65

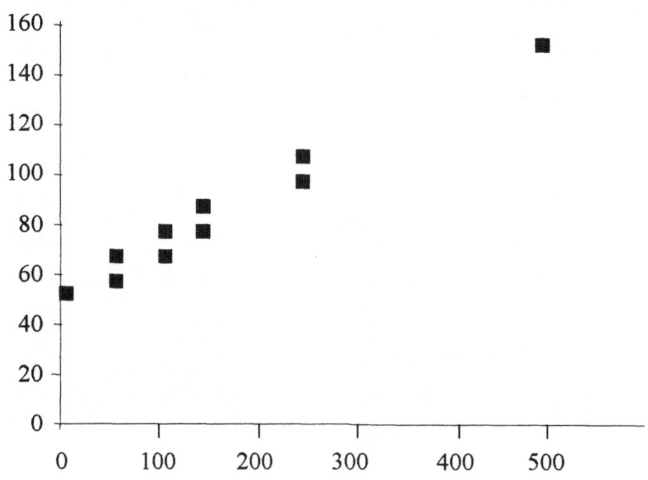

Abbildung 6: Streuungsdiagramm graphisch

Ein Blick auf das Streuungsdiagramm zeigt, daß die Werte nicht linear alle auf einer Geraden liegen. Ableserundungen, Meßungenauigkeiten, möglicherweise geringe Temperaturschwankungen und auch eine nicht hundertprozentige Elastizität können Gründe dafür sein. Die "wahre" Gerade – wenn es sie wirklich gibt – werden wir nie finden, und sollten wir sie zufällig finden, so wüßten wir nicht, daß sie die wahre ist.

Gesucht ist also eine möglichst gute Schätzung für die Gerade, die nach unserer grundsätzlichen Annahme die Abhängigkeit der y-Werte von den x-Werten beschreibt. Alles was wir haben, sind außer der allgemeinen Geradengleichung y = a + bx die Meßwerte, die (hoffentlich) möglichst gut und nicht mit systematischen Fehlern behaftet sind. Welche Gerade paßt sich an die gegebenen Werte möglichst gut an, bzw. welche Gerade gleicht die Abweichungen gegenüber den Meßwerten am besten aus? Die beste Schätzung für eine Gerade, die den Punkten im Streuungsdiagramm zugrunde liegt, ist die Gerade, die möglichst nahe bei allen Punkten liegt. Von allen möglichen Geraden, die es überhaupt gibt, könnte das die Gerade sein, bei der die Summe der Abstände der Punkte zur Geraden minimal ist. Dieser Ansatz führt noch nicht zum Ziel, insbesondere kann es hier mehrere Lösungen geben. Sucht man aber die Gerade $y = \hat{a} + \hat{b}x$, die die Summe der *Quadrate der Abstände* minimiert, so kommt man zu einem eindeutigen Ergebnis, das mit einem generellen, verhältnismäßig einfachen Rechengang bestimmt werden kann. Und was das Wichtigste ist: für diese Methode wurde schon von C.F. Gauß allgemein nachgewiesen, daß sie die beste Schätzung liefert, solange unsere Meßfehler von rein zufälliger Natur sind (Maximum-Likelyhood-Methode). Hinzu kommt noch, daß die Güte der Schätzung durch eine Zahl, den Bestimmtheitskoeffizienten, angegeben werden kann (vgl. Toutenberg, Fieger & Kastner, 1998, 155-158 zu den Eigenschaften der Regressionsgeraden).

Die allgemeine Herleitung für die Regressionskoeffizienten wird hier nicht durchgeführt, sie kann in den Standard-Lehrbüchern (z.B. Bamberg/Baur, 1998) nachgelesen werden. Die Koeffizienten $\hat{b}$ und $\hat{a}$ der Regressionsgeraden berechnen sich mit den folgenden Formeln:

$$\hat{b} = \frac{\sum_{i=1}^{n}\left(x_i - \overline{x}\right)\left(y_i - \overline{y}\right)}{\sum_{i=1}^{n}\left(x_i - \overline{x}\right)^2}$$

$$\hat{a} = \overline{y} - \hat{b}\,\overline{x}$$

Für die Berechnung der Regressionskoeffizienten unseres Federwaagenbeispiels verwenden wir wieder eine Tabelle (ähnlich der bei der Korrelationsrechnung benutzten):

i	x_i	y_i	$x_i - \bar{x}$	$y_i - \bar{y}$	$(x_i - \bar{x}) \cdot (y_i - \bar{y})$	$(x_i - \bar{x})^2$	$(y_i - \bar{y})^2$
1	0	52	-160	-33	5280	25600	1089
2	50	61	-110	-24	2640	12100	576
3	100	71	-60	-14	840	3600	196
4	150	81	-10	-4	40	100	16
5	250	102	90	17	11530	8100	289
6	500	152	340	67	22780	115600	4489
7	250	106	90	21	1890	8100	441
8	150	85	-10	0	0	100	0
9	100	75	-60	-10	600	3600	100
10	50	65	-110	-20	2200	12100	400
Σ	1600	850	0	0	37800	189000	7596
(n=10) Arithme- tisches Mittel	160	85					

Somit ergibt sich:

$$\hat{b} = \frac{37800}{189000} = 0,2$$

$$\hat{a} = 85 - 0,2 \cdot 160 = 53$$

Die Güte der Anpassung der Geraden an die Meßwerte kann nun noch mit dem Regressionskoeffizienten oder Bestimmtheits-(Determinations-)koeffizienten R^2 gemessen werden. Dieser kann aus den Differenzen von gemessenen und errechneten y-Werten ($y_i - (\hat{a} + \hat{b}i)$) abgeleitet werden, aber eine Umformung zeigt, daß R^2 gerade gleich dem Quadrat des Korrelationskoeffizienten r ist:

$$R^2 = r^2$$

Für den Bestimmtheitskoeffizienten gilt $0 \leq R^2 \leq 1$, und ein Wert nahe bei 1 beschreibt eine sehr gute Anpassung, während ein Wert nahe bei 0 als Hinweis dafür betrachet werden kann, die errechnete Gerade besser nicht zur Beschreibung der Gegebenheiten zu verwenden.

In unserem Beispiel ergibt sich also (und deshalb wurde auch in der Rechenta-belle die Spalte für $\sum(y_i-\bar{y})^2$ mitgeführt)

$$R^2 = \left(\frac{37800}{\sqrt{189000 \cdot 7596}}\right)^2$$
$$= (0{,}9976)^2 = 0{,}9953$$

Diese Zahl präzisiert, was man beim Blick auf das Streuungsdiagramm mit ein-gezeichneter Regressionsgerade als sehr gute Anpassung bezeichnen kann.

Um die Feder als Waage zu benutzen, ist es also das beste, den Nullpunkt für die Ableseskala bei 53 cm anzusetzen und in 2 cm-Abständen die Ablesestriche für 10 g, 20 g, 30 g, ... anzubringen.

Bei einer Auslenkung von 93 cm wird dann als Gewicht 200 g (denn $93 = 53 + 0{,}2 \cdot 200$) abgelesen, bei einer Auslenkung von 123 cm als Gewicht 350 g (denn $123 = 53 + 0{,}2 \cdot 350$).

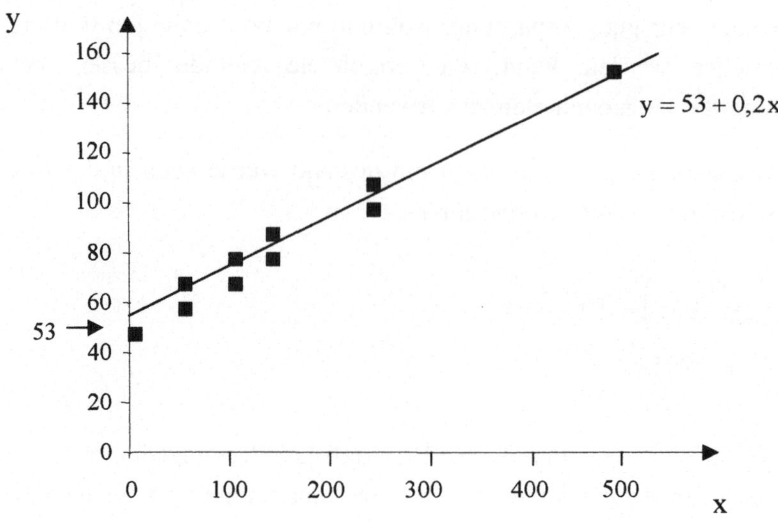

Abbildung 7: Regressionsgerade zum Streudiagramm (Abbildung 6)

Übungsaufgaben

4.1 Es liegen die folgenden sechs Beobachtungswerte vor

i	1	2	3	4	5	6
x_i	1	1	2	2	3	3
y_i	1	3	2	4	3	5

a) Man zeichne das Streuungsdiagramm.

b) Man zeige, daß für jede Gerade g(x) mit $1 \leq g(1) \leq 3$ und $3 \leq g(3) \leq 5$ (d.h. jede Gerade, die zwischen den Punkten 1 und 2 und außerdem zwischen den Punkten 5 und 6 „durchgeht"), die Summe der Abstände der Beobachtungswerte zu der Geraden immer gleich 6 ist. (Minimierung der Abstandssumme führt hier also zu keinem eindeutigen Ergebnis.)

c) Man berechne die Regressionsgerade und zeichne sie ins Streuungsdiagramm ein.

d) Man berechne den Bestimmtheitskoeffizienten.

e) Welche y-Werte nimmt die Regressionsgerade für x = 2,5 und für x = 4 an?

4.2 Es liegen die folgenden sieben Beobachtungswerte vor

i	1	2	3	4	5	6	7
x_i	3	6	8	11	13	16	20
y_i	4	8	14	18	24	28	37

a) Man zeichne das Streuungsdiagramm

b) Man berechne die Regressionsgerade und zeichne sie ins Streuungsdiagramm ein.

c) Man berechne den Bestimmtheitskoeffizienten R^2.

d) Welche y-Werte nimmt die Regressionsgerade für x = 12 und für x = 22 an?

5. Wahrscheinlichkeitstheorie

5.1 Einführung

Die Wahrscheinlichkeitsrechnung baut für den Praktiker auf Zufallsexperimente auf. Unter Zufallsexperimenten verstehen wir Vorgänge, die im Prinzip beliebig oft wiederholbar sind, unter immer wieder gleichen definierten Bedingungen stattfinden und deren Ausgang vom Zufall abhängig ist. Jedes mögliche Ereignis besitzt eine Zahl zwischen 0 und 1 als Eintrittswahrscheinlichkeit. Bei jedem Zufallsexperiment ist im voraus die Menge möglicher Ereignisse bekannt. Bei jeder Durchführung des Experimentes kann aber nur ein Ereignis eintreten. Wenn wir im voraus bestimmen, wie oft das Zufallsexperiment durchgeführt werden soll, beispielsweise die Anzahl möglicher Ziehungen von Kugeln aus einer Urne, die Anzahl aus einer Personenliste per Zufall zu ziehender Personen, um eine Befragung durchzuführen usw., so benennen wir diese mit n.

n = Anzahl der Wiederholungen eines definierten Zufallsexperimentes (das entspricht der Stichprobengröße in 1.2)

Haben wir beschlossen, 100 Personen zu befragen, so lautet n = 100; haben wir beschlossen, einen Würfel dreimal zu werfen, so lautet n = 3.

Die Menge aller möglicher Ergebnisse bezeichnen wir mit N.

Beispiel: Wir haben beschlossen, einen Würfel zweimal zu werfen, dann lautet n = 2, N = (1, 2, 3, 4, 5, 6).

Der Ereignisraum, d. h. die Menge aller möglicher Ergebnisse bei zweimaligem Werfen eines Würfels, lautet:

1,1	1,2	1,3	1,4	1,5	1,6
2,1	2,2	2,3	2,4	2,5	2,6
3,1	3,2	3,3	3,4	3,5	3,6
4,1	4,2	4,3	4,4	4,5	4,6
5,1	5,2	5,3	5,4	5,5	5,6
6,1	6,2	6,3	6,4	6,5	6,6

Wir sehen, daß N = 36 verschiedene Ergebnisse möglich sind, die alle dieselbe Eintrittswahrscheinlichkeit von 1/N aufweisen.

Der Ereignisraum, also die Menge aller möglichen Ereignisse wird auch mit Ω beschrieben. Die Wahrscheinlichkeit, daß ein beliebiges Ereignis aus Ω auftritt, beträgt 1, also:

$$W(\Omega) = 1$$

Bei den möglichen Ereignissen kann es sich um ein **Elementarereignis** handeln, wenn das Experiment aus einem Vorgang besteht (einmaliges Werfen eines Würfels) oder um ein **zusammengesetztes Ereignis**, wenn das Ereignis aus mehreren Durchführungen besteht (zwei- oder mehrmaliges Werfen des Würfel) (vgl. Stenger, 1971, S. 18).

Ein Ereignis ist (in der Sprache der Mengenlehre) die Zusammensetzung zugehöriger Elementarereignisse zu einer Menge. Bei einmaligem Würfeln gibt es sechs verschiedene Elementarereignisse; 1, 2, 3, 4, 5, 6. Weiterhin gibt es daraus zusammengesetzte Ereignisse wie etwa "eine Zahl größer als 3 zu würfeln", das die Elementarereignisse 4, 5, 6 umfaßt.

Der Wahrscheinlichkeitsbegriff

Wir unterscheiden vier Wahrscheinlichkeitsbegriffe: klassisch, statistisch, subjektiv und axiomatisch.

a)   Der *klassische Wahrscheinlichkeitsbegriff* geht auf Laplace zurück. Er ist, falls nur endlich viele gleich wahrscheinliche Elementarereignisse als Fälle auftreten können, folgendermaßen definiert:

$$W(A) = \frac{\text{Anzahl "günstiger" Fälle}}{\text{Anzahl möglicher Fälle}}$$

Unter einem „günstigen" Fall versteht man das Eintreten des Ereignisses A, beispielsweise des Ereignisses (3,2) in obigem Fall des zweimaligen Werfens eines Würfels, bei dem die Elementarereignisse 3 und 2 eintreten sollen. In unserem Falle lautet

$$W(3,2) = \frac{1}{36}$$

Dieser klassische Wahrscheinlichkeitsbegriff wird auch als „logische Bestimmung" der Wahrscheinlichkeit bezeichnet (Leiner, 1996, S. 73). Das begründet sich dadurch, daß wir vor Beginn der Durchführung von Experimenten keine empirischen Daten vorliegen haben, welche die Wahrscheinlichkeit für das Auftreten bestimmter Ereignisse zeigen. Wir haben lediglich aufgrund logischer Überlegungen den Wert

$$\frac{1}{N}$$

bestimmt. Dieses Vorgehen wird als das „Prinzip vom unzureichenden Grund" bezeichnet. Das erklärt sich daraus, daß es keinen plausiblen Grund dazu gibt, dem Ereignis eine größere Chance zukommen zu lassen. Da diese Wahrscheinlichkeit im voraus bestimmt wird, wird sie auch als "a-priori-Wahrscheinlichkeit" bezeichnet.

b)   Als *statistische Wahrscheinlichkeit* W (A) wird die Größe bestimmt, die sich als **relative Häufigkeit** eines Ereignisses A nach (theoretisch) unbeschränkt häufiger Durchführung des Experimentes nähert (Puhani, 1991, S. 83). Um die Wahrscheinlichkeit zu berechnen, ist eine sehr häufige Durchführung des Experimentes notwendig, die Wahrscheinlichkeit wird also empirisch bestimmt und ergibt sich aus folgendem Quotienten:

$$W(A) = \frac{\text{Anzahl der Versuche, in denen A eintrat}}{\text{Anzahl der durchgeführten Versuche}}$$

Diese Wahrscheinlichkeit wird nachträglich bestimmt. Sie wird daher auch als „a-posteriori-Wahrscheinlichkeit" bezeichnet.

Der Unterschied sei folgendermaßen verdeutlicht:

Das Ereignis A sei definiert als das Fallen der Zahl 5 beim Werfen eines Würfels. A-priori ergibt sich dafür

$$W(A) = \frac{1}{6} = 0{,}166$$

Wir führen das Experiment sechshundertmal durch, die Zahl 5 fällt achtundneunzigmal, a-posteriori ergibt sich also

$$W\,(A) = \frac{98}{600} = 0{,}163$$

Das bezeichnen wir auch als **relative Häufigkeit** des Eintretens von A.

Bei sehr häufiger Durchführung des Experimentes , wenn also n gegen ∞ strebt, ist zu erwarten, daß sich die a-posteriori-Wahrscheinlichkeit in der Nähe von der a-priori-Wahrscheinlichkeit einspielt.

Bamberg & Baur (1998, S. 83) bezeichnen die a-priori-Wahrscheinlichkeit als „Wahrscheinlichkeit" und die a-posteriori-Wahrscheinlichkeit als die „relative Häufigkeit" des Eintreten des Ereignisses A. Es wird also erwartet, daß sich die relative Häufigkeit der Wahrscheinlichkeit anpaßt. $f_n(A)$ stabilisiert sich in der Nähe von p(A) (ebenda).Bei wirklich zufallsgestützter Auswahl ist dieses zu erwarten.

c)   Der *axiomatische Wahrscheinlichkeitsbegriff* geht auf Kolmogoroff (1933) zurück. Danach wird die Wahrscheinlichkeit ausgehend von 3 Basisannahmen (Axiomen) bestimmt, die wie folgt lauten:

1. $0 \leq W(A) \leq 1$

2. $W\,(\Omega) = 1$

3.   Es wird von bis zu abzählbar vielen Ereignissen A_1, $A_2,$ ... ausgegangen, die sich gegenseitig ausschließen. Es gilt also:

   $A_i \cap A_j = \varnothing \ (i \neq j)$.

Dann gilt für die Wahrscheinlichkeit, daß irgendein A_i eintritt:

$W\,(A_1 \cup A_2 \cup ...) = W\,(A_1) + W(A_2) + ...$

Diese drei Forderungen werden als „Axiome der Wahrscheinlichkeitsrechnung" bezeichnet.

Beispiel: Die Zahlen 1 bis 6 weisen beim Werfen eines Würfels jeweils die Auftrittswahrscheinlichkeit

$$W = \frac{1}{6}$$

auf. Damit ist das erste Axiom erfüllt. Die Wahrscheinlichkeit, irgendeinen Wert zwischen 1 und 6 zu erhalten, ist gleich 1. Damit ist Axiom zwei erfüllt. Die Wahrscheinlichkeit beim einmaligen Werfen eines Würfels den Wert 3 oder 4 – [W(3 $\cup$ 4)] zu erhalten, beträgt 1/6 + 1/6.

Aus dem axiomatischen Wahrscheinlichkeitsbegriff lassen sich als Folgerung zwei Sätze ableiten, nämlich der Additionssatz und der Multiplikationssatz.

Der *„Spezielle Additionssatz"* ergibt sich aus Axiom 3 für endlich viele disjunkte Ereignisse (Ereignis A schließt Ereignis B aus):

$$W (A_1 \cup A_2 \cup A_3 ... \cup A_n) =$$
$$W (A_1)+W (A_2)+W (A_3) ...+W(A_n)$$

Der *„allgemeine Additionssatz"* gibt die Annahme sich ausschließender Ereignisse auf. Nehmen wir an, es seien beim Werfen eines Würfels zwei mögliche Ereignisse wie folgt definiert:

A) Fallen einer geraden Zahl oder B) einer Zahl größer als 4, also:

$$A = 2, 4, 6$$
$$B = 5, 6.$$

Wir sehen also, daß die 6 in beiden Ereignissen enthalten ist. Es gilt:

$$W (A) = 3/6$$
$$W (B) = 2/6$$

Andererseits ist das Ereignis A $\cup$ B eingetreten, wenn eine der Zahlen 2, 4, 5 und 6 gefallen ist, also gilt:

$$W (A \cup B) = 4/6.$$

Wenden wir den speziellen Additionssatz an, so ergibt sich fälschlicherweise:

$$W (A \cup B) = W (A)+W (B) = 3/6 + 2/6 = 5/6$$

Es ist leicht ersichtlich, daß hier eine zu hohe Wahrscheinlichkeit errechnet wird. Das liegt daran, daß die Zahl 6 in beiden Ereignissen A und B enthalten ist. Wir müssen daher bei Anwendung des allgemeinen Additionssatzes die Wahrscheinlichkeit für die Schnittmenge beider Ereignisse abziehen, also

$$W (A \cap B).$$

In unserem Fall für die Zahl 5: 1/6.

Hier ist der allgemeine Additionssatz im Fall zweier Mengen anzuwenden:[1]

$$W (A \cup B) = W (A) + W (B) - W (A \cap B).$$

$$3/6 + 2/6 - 1/6 = 4/6$$

Der „*Multiplikationssatz*" wird erst verständlich, wenn wir vorab den Begriff der bedingten Wahrscheinlichkeit erklärt haben.

Unter der bedingten Wahrscheinlichkeit verstehen wir die Auftrittswahrscheinlichkeit eines Ereignisses A unter der Voraussetzung, daß vorher bereits ein anderes Ereignis B eingetreten ist. Die Schreibweise lautet:

$$W (A/B).$$

Nehmen wir an, eine Bevölkerung bestehe zu 50 % aus weiblichen und zu 50 % aus männlichen Personen. Nehmen wir an, 40 % der Bevölkerung seien berufstätig. Wir nehmen ferner an, daß 60 % der männlichen und 20 % der weiblichen Personen berufstätig sind. Gesucht seien die Wahrscheinlichkeiten dafür, berufstätige Personen aus einer Stichprobe herauszuziehen. Bevor wir den Auswahlvorgang beginnen, lautet die Wahrscheinlichkeit, eine berufstätige Person vorzufinden:

$$W (B) = 0{,}4.$$

Haben wir bereits eine männliche Person gezogen, so lautet die Wahrscheinlichkeit für Berufstätigkeit:

$$W (B/M) = 0{,}6$$

Haben wir eine weibliche Person gezogen, so lautet die Wahrscheinlichkeit:

$$W (B/W) = 0{,}2.$$

Allgemein lautet die Formel für bedingte Wahrscheinlichkeiten:

$$W (A / B) = \frac{W(A \cap B)}{W(B)}$$

---

[1] Zahlenbeispiel entnommen Puhani (1991, S. 86)

Um die Wahrscheinlichkeit $W(A \cap B)$ zu berechnen, benötigen wir den **allgemeinen Multiplikationssatz**; dieser lautet:

$$W(A \cap B) = W(A) \cdot W(B/A).$$

Ebenso gilt:

$$W(B \cap A) = W(B) \cdot W(A/B).$$

Für die Ermittlung der bedingten Wahrscheinlichkeit läßt sich somit der allgemeine Multiplikationssatz einsetzen. Es gilt:

$$W(A/B) = \frac{W(A) \cdot W(B/A)}{W(B)}$$

Für unser oben genanntes Problem ergibt sich damit Folgendes:

Es liegen 100 Personen vor, davon sind $B = 40$ Personen berufstätig, $M = 50$ Personen männlich, $W = 50$ Personen weiblich, es sind berufstätig und männlich $(B \cap M) = 30$, und es sind berufstätig und weiblich $(B \cap W) = 10$.

Wir unterstellen, daß wir eine männliche Person gezogen haben und wollen die Wahrscheinlichkeit für Berufstätigkeit erfassen. Es gilt also:

$$W(B/M) = \frac{W(B \cap M)}{W(M)} = \frac{W(B) \cdot W(M/B)}{W(M)}$$

$$= \frac{0,4 \cdot 0,75}{0,5} = \frac{0,3}{0,5} = 0,6$$

Die bedingte Wahrscheinlichkeit für Berufstätigkeit unter der Voraussetzung männlich lautet also 0,6.

Das läßt sich auch plausibel anhand der vorausgegangenen Annahmen erläutern. Die Wahrscheinlichkeit für Berufstätigkeit lautet 40%, die Wahrscheinlichkeit, wenn wir eine berufstätige Person vorliegen haben, daß diese männlich ist $\{W(M/B)\}$, lautet 0,75, denn, wenn wir eine berufstätige Person vorliegen haben, dann sind davon 75 % männlich (30 von 40). Daß unser Ergebnis richtig ist, ergibt sich auch daraus: Von allen 50 männlichen Personen sind 30, also 60 %, berufstätig.

Wie wir aus diesem Beispiel ersehen, variiert die Wahrscheinlichkeit, eine berufstätige Person zu finden, unter der Voraussetzung, daß männliche Personen gezogen worden sind, von der generellen **unbedingten Wahrscheinlichkeit** eine berufstätige Person zu ziehen. Das gilt nämlich:

W(B/M) = 0,60 und W(B) = 0,40.

Wenn ein solcher Unterschied gefunden wurde, so ist nachgewiesen, daß die beiden Wahrscheinlichkeiten voneinander nicht unabhängig sind. Es handelt sich definitionsgemäß um **bedingte Wahrscheinlichkeiten**.

Im Falle unabhängiger Wahrscheinlichkeiten gilt der **spezielle Multiplikationssatz**:

$$W (A \cap B) = W(A) \cdot W(B)$$

Wir wollen annehmen, es liegt eine Gesellschaft vor, in der die Berufstätigkeit keinen Bezug mehr zum Geschlecht aufweist. Es gilt also:

W (B/M) = 0,5, es gilt ferner W (B/W) = 0,5; es gilt allgemein W (B) = 0,5.

Das weiß man häufig nicht vorher. Daher kann der allgemeine Multiplikationssatz, den wir bei der Ermittlung bedingter Wahrscheinlichkeiten herangezogen haben, auch zur Überprüfung der Unabhängigkeit zweier Ereignisse herangezogen werden. Wenn sich nach Anwendung des allgemeinen Multiplikationssatzes herausstellt, daß die Wahrscheinlichkeit A unter der Bedingung B mit der unbedingten Wahrscheinlichkeit für A nicht identisch ist, ist die Abhängigkeit anzunehmen.

Für unabhängige Ereignisse gilt also:

W(A/B) = W(A)

Ebenso gilt:

W(B/A) = W(B)

Totale Wahrscheinlichkeit

Elemente mit einem bestimmten Merkmal mögen in spezifischen Teilgesamtheiten der Grundgesamtheit mit jeweils spezifischen Wahrscheinlichkeiten auftreten. Sie seien:

in A_1 mit 10 % Wahrscheinlichkeit

in A_2 mit 20 % Wahrscheinlichkeit

in A_3 mit 40 % Wahrscheinlichkeit

zu finden. Die Teilgesamtheiten mögen einen unterschiedlichen Anteil an der Grundgesamtheit ausmachen. Es gelte:

A_1 = 20 % Anteil, A_2 = 30 % Anteil, A_3 = 50 % Anteil.

Gesucht ist die Wahrscheinlichkeit dafür, bei einem Ziehvorgang ein Element mit dem gesuchten Merkmal zu finden ohne Kenntnis davon, aus welcher Teilgesamtheit das Element stammt. Die Antwort liefert die totale Wahrscheinlichkeit, für die allgemein folgender Ausdruck gilt:

$$W(X) = \sum_{i=1}^{n} (A_i) \cdot W(X / A_i)$$

X ist ein Element mit dem gesuchten Merkmal; i = 1 bis n, beziffert die Teilgesamtheiten A_i. In unserem Fall ergibt sich also folgender Rechenvorgang:

$0,1 \cdot 0,2 + 0,2 \cdot 0,3 + 0,4 \cdot 0,5 = 0,28.$

Die Wahrscheinlichkeit, ein Element mit dem gesuchten Merkmal vorzufinden, beträgt also 28 %.

Bayes'sche Wahrscheinlichkeit

Die Wahrscheinlichkeit nach Bayes stellt genau die umgekehrte Frage. Jetzt liegt ein Ereignis vor. Wir haben ein Element gezogen und finden das in Frage kommende Merkmal. Beantwortet werden soll die Frage: aus welcher Teilgesamtheit das Element wahrscheinlich stammt.

Gesucht ist also nichts anderes als eine bedingte Wahrscheinlichkeit, nämlich die Wahrscheinlichkeit dafür, daß der Merkmalsträger aus einer bestimmten Teilgesamtheit A_j stammt, unter der Bedingung, daß er ein bestimmtes Merkmal aufweist. Es gilt also:

$$W(A_j / X) = \frac{W(X \cap A_j)}{W(X)}$$

68

Wir setzen jetzt einfach für $W(X \cap A_j)$ den allgemeinen Multiplikationssatz ein und für $W(X)$ die totale Wahrscheinlichkeit. Daraus ergibt sich:

$$W(A_j / X) = \frac{W(A_j) \cdot W(X / A_j)}{\sum\limits_{i=1}^{n} W(A_i) \cdot W(X / A_i)}$$

Für unser obiges Beispiel ergibt sich damit folgende Aussage, wenn wir wissen wollen, mit welcher Wahrscheinlichkeit ein gefundenes Element mit dem Merkmal X aus $A_j = A_1$ stammt:

$$W(A_i / X) = \frac{0,20 \cdot 0,10}{0,28} \approx 0,07$$

Es gilt für die anderen bedingten Wahrscheinlichkeiten:

$$W(A_2 / X) = \frac{0,30 \cdot 0,20}{0,28} \approx 0,21$$

$$W(A_3 / X) = \frac{0,50 \cdot 0,40}{0,28} \approx 0,71$$

Wie leicht ersichtlich, ist die Summe aller Wahrscheinlichkeiten 1,0. Es ergibt sich ganz einfach daraus, daß X mit 100iger Wahrscheinlichkeit aus einer der drei Teilgesamtheiten stammt (in unserem Beispiel ergibt sich aufgrund von Abrundungen der Wert 0,99).

Subjektive Wahrscheinlichkeit

Wenn keine berechenbaren Wahrscheinlichkeiten für das Eintreten eines Ereignisses vorliegen und die Wahrscheinlichkeiten auf persönlichen Schätzungen beruhen, sprechen wir von subjektiven Wahrscheinlichkeiten. Diese erlauben keine wahrscheinlichkeitstheoretischen Berechnungen. Dennoch kann man sie in der Managementpraxis verwenden. Nehmen wir an, es gibt zwei alternative Produkte, die auf einem Markt einzuführen sind. Das Management besitzt folgende Hypothesen:

Produkt A: Gewinn im Erfolgsfall 2 Mio DM

Erfolgswahrscheinlichkeit 60 %

Verlust bei Mißerfolg 1,5 Mio DM

Mißerfolgswahrscheinlichkeit 40 %

Produkt B: Gewinn im Erfolgsfall 3 Mio DM

Erfolgswahrscheinlichkeit 50 %

Verlust bei Mißerfolg 2 Mio DM

Mißerfolgswahrscheinlichkeit 50 %

Zur Bewertung der beiden Alternativen ist folgende Rechenoperation denkbar:

Produkt A: $2 \text{ Mio} \cdot 0,6 - 1,5 \text{ Mio} \cdot 0,4 = 0,6 \text{ Mio DM}$

Produkt B: $3 \text{ Mio} \cdot 0,5 - 2 \text{ Mio} \cdot 0,5 = 0,5 \text{ Mio DM}$

Das Management könnte sich somit für Produkt A entscheiden. Es wird also in der Praxis so getan, als lägen Wahrscheinlichkeitswerte vor.

Übungsaufgaben

5.1   100 Personen wurden befragt, welche von den drei Medien Zeitung, Fernsehen und Kino sie regelmäßig nutzen. 80 nannten die Zeitung, 70 das Fernsehen und 30 das Kino. Außerdem ergab sich: a) jeder nutzt mindestens eines der drei Medien, b) alle Kinogänger sehen auch regelmäßig fern und c) 20 sind Nutzer aller drei Medien.

    a)   Man leite den allgemeinen Additionssatz für die Vereinigung dreier Mengen A, B, C durch mehrfache Anwendung dieses Satzes für zwei Mengen her.

    b)   Wie groß ist die Wahrscheinlichkeit, bei zufälliger Auswahl einer Person aus der Gesamtheit jemanden zu wählen, der nur die Zeitung nutzt

    c)   nur das Fernsehen nutzt?

5.2 Ein Obstverkäufer versucht wiederholt, verfaulte Äpfel loszuwerden, indem er sie mit qualitativ guten Äpfeln vermischt. Bei einer Lieferung von zehn Paletten stellt er zu neun Paletten mit fast nur guten Äpfeln (i. b. unter tausend Äpfeln ist ein schlechter) eine Palette, in der jeder zehnte Apfel schlecht ist.

a) Der Einkäufer, ein Apfelsafthersteller, wählt zur Prüfung eine der zehn angelieferten Paletten zufällig aus, d. h. es ist für jede Palette gleichwahrscheinlich, gewählt zu werden. Der gewählten Palette entnimmt er zufällig einen Apfel. Ist der Apfel gut, so nimmt er die Lieferung an, und die Äpfel werden vollautomatisch aus Paletten und Kisten entladen; ist der Apfel schlecht, so lehnt er die Lieferung ab. Sei A_i, $i = 1, \ldots, 10$ jeweils das Ereignis, daß die i-te Palette ausgewählt wurde und sei X das Ereignis, daß bei der Prüfung dieser Palette ein schlechter Apfel gefunden wird. Man bestimme die Wahrscheinlichkeiten $W(A_i)$, die bedingten Wahrscheinlichkeiten $W(X/A_i)$, die totale Wahrscheinlichkeit $W(X)$ und außerdem bestimme man nach der Formel von Bayes die bedingten Wahrscheinlichkeiten $W(A_i/X)$ für $i = 1, \ldots, 10$.

b) Der Obstverkäufer schafft es mit irgendwelchen Tricks, daß die „schlechte" Palette nur mit einer Wahrscheinlichkeit von 1/100 aus den Paletten zur Prüfung ausgewählt wird (Wer hat noch nie nach dem Einkauf beim Auspacken einen faulen Apfel vorgefunden, obwohl am Obststand alle Äpfel tadellos aussahen?). Für jede der neun guten Paletten möge die Wahrscheinlichkeit, ausgewählt zu werden, gleich groß sein. Man berechne für diesen Fall die in a) genannten Wahrscheinlichkeiten.

c) Versehentlich wurde die Lieferung vor der Prüfung bereits entladen, und die Äpfel liegen bereits gut durchmischt im Verarbeitungstrog. Wenn jetzt noch zur Prüfung ein Apfel zufällig ausgewählt wird, wie groß ist die Wahrscheinlichkeit, einen faulen zu wählen, wenn in jeder Palette insgesamt genau gleichviel Äpfel waren?

5.2   Verteilungen

Wir unterscheiden zwei Typen von Verteilungen: diskrete Verteilungen und stetige Verteilungen. Bei diskreten Verteilungen können die Merkmalsträger nur abzählbar viele Merkmalsausprägungen aufweisen, bei stetigen Verteilungen sind die möglichen Merkmalsausprägungen nicht abzählbar. Ein Beispiel für diskrete Verteilungen ist die dagegen stetig verteilt.

5.2.1   Diskrete Verteilungen

5.2.1.1   Binomialverteilung

Gegeben sei ein Zufallsexperiment, das n-mal durchgeführt wird. Die einzelnen Durchführungen sind voneinander unabhängig. Das mögliche Ereignis jedes Durchganges laute A mit der Auftrittswahrscheinlichkeit $p = P(A)$. Das zu A komplementäre Ereignis laute $\overline{A}$ mit der Auftrittswahrscheinlichkeit

$$\overline{p} = 1 - p$$

Für die Durchführung gelte:

$$X_i = \begin{cases} 1, & \text{falls A eintritt} \\ 0, & \text{falls } \overline{A} \text{ eintritt} \end{cases}$$

Ferner gilt für die Anzahl der Ereignisse, bei denen A eintritt, die Zufallsvariable:

$$X = \sum_{i=1}^{n} X_i$$

Nehmen wir $n = 5$ und A trete beim 1., 4. und 5. Versuch auf, dann gilt:

$$X = X_1 + X_2 + X_3 + X_4 + X_5, \text{ also}$$

$$X = 1 + 0 + 0 + 1 + 1 = 3$$

Gefragt sei, **wie oft** in einer bestimmten Abfolge von Versuchen das Resultat A mit welcher Wahrscheinlichkeit eintritt oder: mit welcher Wahrscheinlichkeit A **maximal** x-mal auftritt.

Die Antwort liefert die Binomialverteilung, die an folgende Voraussetzungen gebunden ist:

1.   Für jeden einzelnen Versuch gibt es nur zwei mögliche Resultate: A und $\overline{A}$, die sich gegenseitig ausschließen, z. B. „weiblich" oder „nicht weiblich".

2.   Die Wahrscheinlichkeit für das Auftreten von A lautet $W(A) = p$; für $\overline{A}$: $W(\overline{A}) = 1 - p$.

3.   Alle Versuche in einer Abfolge sind voneinander unabhängig.

Mit diesen Voraussetzungen ist das sogenannte „Bernoulli-Experiment" beschrieben.

Beispiel: Ein Produkt hat eine bestimmte Eigenschaft (A) oder nicht $(\overline{A})$. Es werden 100 Stück untersucht. Wie groß ist die Wahrscheinlichkeit, genau 10 fehlerhafte Stücke zu finden?

Die Zufallsvariable X (Anzahl der fehlerhaften Stücke) kann die Ausprägungen $x = 0, 1, 2, ..., 100$ annehmen. Jede Ausprägung x tritt mit einer (gesuchten) Wahrscheinlichkeit $W(X) = x)$ auf. Die dazu gehörige Wahrscheinlichkeitsfunktion $f(x)$ ist binomial verteilt.

Bei n Ausführungen kann X genau $n + 1$ Ausprägungen annehmen ($n + 1$, weil x auch den Wert 0 annehmen kann). Bei $n = 5$ sind also die $n + 1 = 6$ Ausprägungen: 0, 1, 2, 3, 4, 5 möglich.

Die Reihenfolge des Auftretens der beiden Ausprägungen A und $\overline{A}$ ist gleichgültig. Z. B. ist

$$\text{A} \quad \text{A} \quad \overline{\text{A}} \quad \overline{\text{A}} \quad \overline{\text{A}} \qquad \text{gleichwertig mit}$$

$$\overline{\text{A}} \quad \overline{\text{A}} \quad \text{A} \quad \text{A} \quad \overline{\text{A}} \qquad \text{usw.}$$

A tritt hier immer 2-mal auf;

$\overline{\text{A}}$ tritt hier immer $(n - 2)$-mal auf.

Die Frage, wie viele verschiedene Möglichkeiten es in einer Abfolge von n Durchführungen gibt, x-mal das Ereignis A zu erhalten, läßt sich einfach nach den Gesetzen der Kombinatorik bestimmen: Es gibt

$$\binom{n}{x} = \frac{n!}{x!(n-x)!} = \frac{n(n-1)(n-2)\ldots(n-x+1)}{x\cdot(x-1)(x-2)\ldots 1}$$

Möglichkeiten, also auch

$$\binom{n}{x}$$

Folgen mit x-maligem Auftreten von A.

Aus den Voraussetzungen zur Annahme der Binomialverteilung läßt sich ableiten, daß die Wahrscheinlichkeit für das Auftreten jeder einzelnen Folge gleich ist. Sie lautet:

$$p^x (1-p)^{n-x}$$

Nehmen wir $n = 4$, $x = 2$ und A trete mit 50 % Wahrscheinlichkeit auf. Es gibt

$$\binom{4}{2} = \frac{4\cdot 3}{2\cdot 1} = 6$$

Folgen, welche $x = 2$ ermöglichen:

1	1	0	0
1	0	1	0
1	0	0	1
0	1	1	0
0	1	0	1
0	0	1	1

Die gesamte Wahrscheinlichkeit für x = 2 ergibt sich nach dem Additionssatz aus der Summe der Wahrscheinlichkeiten für diese 6 Folgen.

Um diese Wahrscheinlichkeit bestimmen zu können, benötigen wir die folgenden 3 Parameter: x, n und p.

Dann lautet die Wahrscheinlichkeitsfunktion der Binomialfunktion:

$$f(x, n \text{ und } p) = \begin{cases} \binom{n}{x} p^x (1-p)^{n-x} & \text{für } x = 0, 1, ..., n \\ 0 & \text{sonst} \end{cases}$$

Für die obigen Zahlen gilt:

$$f(2; 4; 0,5) = \binom{4}{2} 0,5^2 (1 \cdot 0,5)^{4-2} = 0,625$$

Häufig interessiert nicht, wie oft genau ein Ereignis eintritt, sondern wie oft maximal. Wir modifizieren dazu unser obiges Beispiel:

Ein Produkt weise eine bestimmte fehlerhafte Eigenschaft mit der Wahrscheinlichkeit 0,2 auf oder die Eigenschaft nicht fehlerhaft zu sein mit der Wahrscheinlichkeit 0,8. Die Frage lautet: Wie groß die Wahrscheinlichkeit ist bei 10 Ziehungen maximal 3 fehlerhafte Stücke zu finden?

Gesucht ist also:

$$W(X = 0) + \quad W(X = 1) + \quad W(X = 2) + \quad W(X = 3)$$

Wir finden das durch die Anwendung der Verteilungsfunktion. Diese besagt, mit welcher Wahrscheinlichkeit die Zufallsvariable X höchstens den Wert x annehmen kann. Ganz allgemein gilt also:

$$F(x, n, p) = f(0, n, p) + f(1, n, p) + ... + f(x, n, p).$$

In unserem Fall also:

$$\binom{10}{0} = 0{,}2^{0}(1 - 0{,}2)^{10-0} + \binom{10}{1} = 0{,}2^{1}(1 - 0{,}2)^{10-1}$$

$$+ \binom{10}{2} = 0{,}2^{2}(1 - 0{,}2)^{10-2} + \binom{10}{3} = 0{,}2^{3}(1 - 0{,}2)^{10-3}$$

Für die Binomialverteilung gilt: $E(X) = n \cdot p$; $Var(X) = n\,p(1-p) = n \cdot q$

Wenn die Parameter x, n, p bekannt sind und die Voraussetzungen der Binomi-alverteilung erfüllt sind, lassen sich die gesuchten Werte aus Tabellen einfach ablesen (vgl. beispielsweise Bamberg & Baur, 1998).
Graphisch ergeben sich folgende Darstellungen für unser Produkt/Qua-litätsbeispiel:

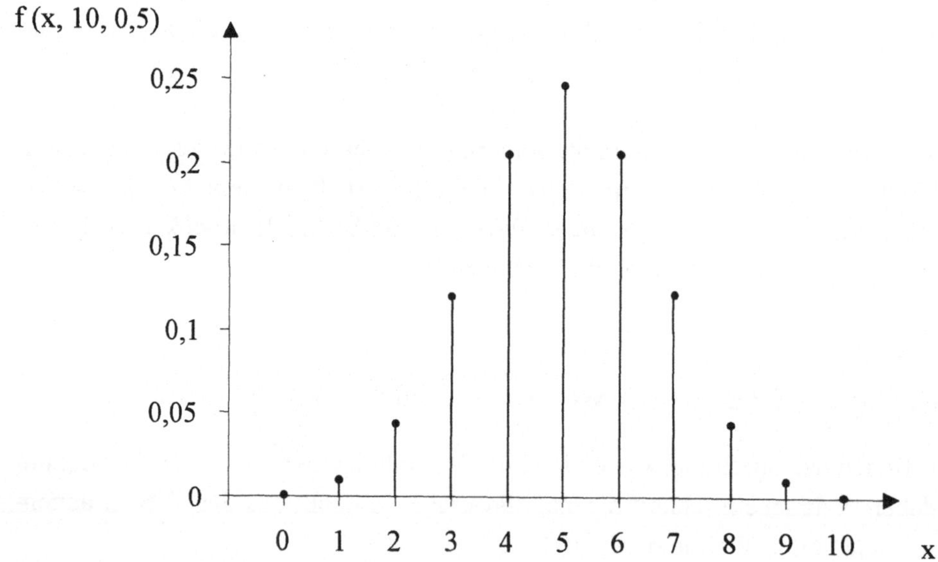

Abbildung 8:   Wahrscheinlichkeitsfunktion der Binomialverteilung
f(x, 10, 0,5)

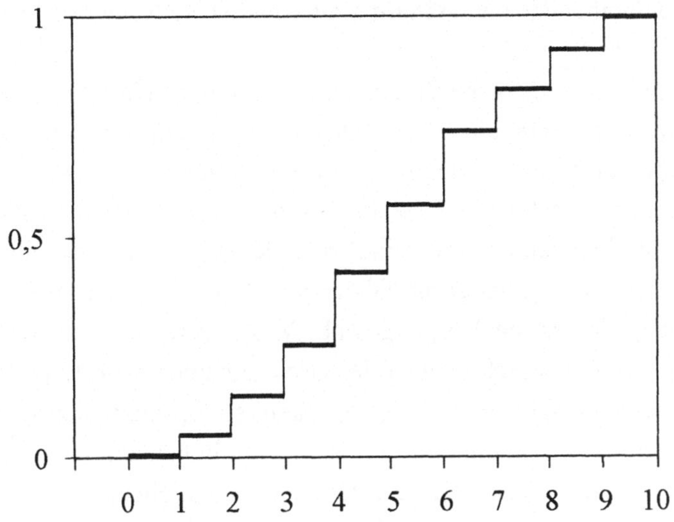

Abbildung 9: Verteilungsfunktion der Binomialverteilung F(x, 10, 0,5)

5.2.1.2   Hypergeometrische Verteilung

Bei der Binomialverteilung wird vorausgesetzt, daß alle Ziehvorgänge und deren mögliche Ergebnisse voneinander unabhängig sind. Das ist nicht der Fall beim „Ziehen ohne Zurücklegen". In der Literatur wird meistens von einer Urne ausgegangen, in der sich N Kugeln befinden. Davon seien K Kugeln rot und (N-K) Kugeln schwarz. Wir ziehen ohne Zurücklegen eine Stichprobe vom Umfang n. Das verdeutlicht folgende Überlegung plausibel: Wir nehmen eine Urne an, in der sich 50 rote und 50 schwarze Kugeln befinden. Vor dem ersten Ziehvorgang beträgt die Wahrscheinlichkeit eine rote Kugel zu ziehen, exakt 50 %. Beim zweiten Ziehvorgang hängt die Wahrscheinlichkeit eine rote Kugel zu finden, vom Ausgang des ersten Vorganges ab. Wenn dort eine rote Kugel gezogen worden ist, so befinden sich jetzt in der Urne nur noch 49 rote und 50 schwarze Kugeln, wurde eine schwarze Kugel gezogen, so befinden sich in der Urne 50 rote und 49 schwarze Kugeln, was selbstverständlich die Wahrscheinlichkeiten, beim zweiten Ziehvorgang eine rote Kugel zu ziehen, beeinflußt. Somit sind die Ziehvorgänge voneinander abhängig. In diesem Fall kommt die hypergeometrische Verteilung zur Anwendung. Wir nehmen an, daß die Grundgesamtheit aus N Elementen besteht. Wir denken zum Beispiel an die Liefermenge, aus der eine Stichprobe zum Zwecke der Qualitätskontrolle gezogen werden soll.

Die Anzahl möglicher Stichproben vom Umfang n aus der Grundgesamtheit vom Umfang N beträgt

$$\binom{N}{n}$$

wenn die Reihenfolge, in der die Stichprobenelemente gezogen werden, gleichgültig ist.

Vor Beginn des Ziehvorganges besteht für jede der

$$\binom{N}{n} = \frac{N!}{n!(N-n)!}$$

möglichen Stichproben die gleiche Wahrscheinlichkeit.

Das ergibt sich daraus, daß alle denkbaren Stichproben jeweils als ein Elementarreignis aufgefaßt werden (vgl. Bamberg & Baur, 1998, S. 101).

Nehmen wir eine Urne mit den Kugeln 1, 2, 3, 4, 5, 6 (also mit 3 geraden und 3 ungeraden Ziffern). Es gilt $N = 6$, $K = 3$, $N - K = 3$. Wir ziehen eine Stichprobe $n = 2$.

Die möglichen Stichproben lauten, wenn die Reihenfolge der Resultate nicht von Belang ist (1,2 gleichwertig mit 2,1).

1,2	1,3	1,4	1,5	1,6
	2,3	2,4	2,5	2,6
		3,4	3,5	3,6
			4,5	4,6
				5,6

Alle diese möglichen Stichproben weisen die gleiche Auftrittswahrscheinlichkeit auf.

Analog zur Binomialverteilung gilt:

$$f_H(x, N, K, n) = \begin{cases} \dfrac{\dbinom{K}{x}\dbinom{N-K}{n-x}}{\dbinom{N}{n}} & \text{für } x = 0, 1, 2, ..., n \\[2em] 0 & \text{sonst} \end{cases}$$

Die Wahrscheinlichkeitsfunktion benennt die Wahrscheinlichkeit dafür, bei n Ziehungen genau x gesuchte Fälle zu erhalten, z. B. x rote Kugeln, x fehlerhafte Produkte usw. Die Verteilungsfunktion besagt, wie groß die Wahrscheinlichkeit dafür ist, für x einen bestimmten Maximalwert zu erhalten. Diese Verteilungsfunktion erhält man durch Summation der Werte der Wahrscheinlichkeitsfunktion:

$$\sum f_H(x, N, K, n), \text{ d.h.}$$

$$f_H(0, N, K, n) + f_H(1, N, K, n) + f_H(2, N, K, n) + ... + f_H(x, N, K, n)$$

Der Erwartungswert der hypergeometrischen Verteilung lautet:

$$E(X) = n \cdot \frac{K}{N}$$

Die Varianz lautet:

$$VarX = n \cdot \frac{K}{N} \cdot \frac{(N-K)}{N} \cdot \frac{(N-n)}{(N-1)}$$

Bei n/N < 0,05 kann bei Ziehen ohne Zurücklegen die hypergeometrische Verteilungsfunktion durch die Binomialverteilung ersetzt werden, da dieses in den sozialwissenschaftlichen Studien üblicherweise der Fall ist, werden im allgemeinen auch keine Tabellen für die hypergeometrische Verteilung benötigt.

Die Anwendungsfälle für die Binomialverteilung und die hypergeometrische Verteilung sind strukturell sehr ähnlich. Die Frage lautet:

Ziehen mit Zurücklegen: Binomialverteilung

Ziehen ohne Zurücklegen: a) n/N <0,05: Binomialverteilung

                                 b) n/N > 0,05: hypergeometrische Verteilung

Übungsaufgaben

5.3 a) Ein Unternehmen stellt anspruchsvolle medizintechnische Geräte her. Der Qualitätsstandard ist von großer Bedeutung. Daher werden schon vor der Endmontage alle Bauteile stichprobenmäßig geprüft. Bauteil Z wird durch den Test zerstört. Aus einer Anlaufproduktion von 20 Stück wird jedes zweite Stück geprüft. Es fanden sich 3 defekte Stücke. Daraufhin wurden auch die restlichen 10 Stück geprüft, und es fanden sich

1. weitere 3 defekte Stücke
2. weitere 7 defekte Stücke
3. kein weiteres defektes Stück..

Man berechne für alle drei Fälle den Erwartungswert und die Varianz der ursprünglichen Stichprobe. Man berechne außerdem für jeden der drei Fälle die Wahrscheinlichkeit dafür, daß eine Stichprobe vom Umfang 10 genau 3 defekte Teile enthält.

5.3 b) Bei der Großproduktion wird jedes 100. Stück geprüft. In einer Wochenproduktion von 10.000 fanden sich dabei 30 defekte Stücke. Unter der Annahme, daß sich in der Gesamtproduktion

1. insgesamt 3.000 defekte Stücke
2. insgesamt 5.000 defekte Stücke
3. insgesamt 1.500 defekte Stücke befinden,

berechne man für alle drei Fälle den Erwartungswert und die Varianz der ursprünglichen Stichprobe. Man berechne außerdem für jeden der drei Fälle die Wahrscheinlichkeit dafür, daß eine Stichprobe vom Umfang 100 genau 30 defekte Teile enthält.

5.2.1.3 Poisson-Verteilung

Die Poisson-Verteilung ist ein Spezialfall der Binomialverteilung, nämlich für sogenannte „seltene Ereignisse". Beispiele dafür sind:

- fehlerhafte Produkte in einer Serie
- pro Zeiteinheit in einer Versicherung zu regulierende Schadensfälle
- tödliche Narkoseunfälle
- Zustellfehler bei der Post.

Die Binomialverteilung kann durch die Poisson-Verteilung approximiert werden, wenn folgende Voraussetzungen gelten:

$$n \geq 50$$
$$P \leq 0,1$$
$$n \cdot p \leq 10$$

Für $n \cdot p$ wird auch λ geschrieben.

Für die Wahrscheinlichkeitsfunktion gilt:

$$f_P(x, n, p) = \begin{cases} \dfrac{\lambda^x}{x!} e^{-\lambda} & \text{für } x = 0, 1, 2, \dots \\[2ex] 0 & \text{sonst} \end{cases}$$

$(e = 2,71828 \dots)$

Wiederum ist die Verteilungsfunktion durch die Summe der Wahrscheinlichkeitsfunktionen für $0, 1 \dots$ bis x gekennzeichnet. Die Werte sind aus entsprechenden Tabellen zur Poisson-Verteilung ablesbar.

Bei der Poisson-Verteilung sind Erwartungswert und Varianz identisch. Es gilt:

$$E(X) = Var(X) = n \cdot p = \lambda$$

Unter den oben genannten Bedingungen kann auch die hypergeometrische Verteilung durch die Poisson-Verteilung approximiert werden, d. h. die Poisson-Verteilung gilt als gute Annäherung, falls

$n \geq 50$

$P \leq 0,1$

$n \cdot p \leq 10$

und zusätzlich $n/N < 0,05$

5.2.2 Stetige Verteilungen

Kann eine Zufallsvariable überabzählbar viele Ausprägungen annehmen, so wird die zugehörige Wahrscheinlichkeitsverteilung durch eine **stetige** Funktion dargestellt.

Die **Verteilungsfunktion** F(x) lautet:

$$F(x) = \int_{-\infty}^{x} f(t)\,dt \quad \text{für jedes } x \in R$$

Eine Wahrscheinlichkeitsfunktion (wie bei diskreten Verteilungen) kann es nicht geben, weil die Auftrittswahrscheinlichkeit eines ganz spezifischen Wertes x_i wegen der Überabzählbarkeit gleich 0 ist. Es können nur Dichtefunktionen (synonym „Wahrscheinlichkeitsdichte", vgl. Bamberg & Baur, 1998, S. 104) ermittelt werden.

Für die Dichtefunktion f(x) muß gelten:

$$\int_{-\infty}^{\infty} f(t)\,dt = 1$$

und daher

$$W(a < X < b) = W(a \leq X < b) = W(a < X \leq b)$$

$$= \int_{a}^{b} f(t)\,dt$$

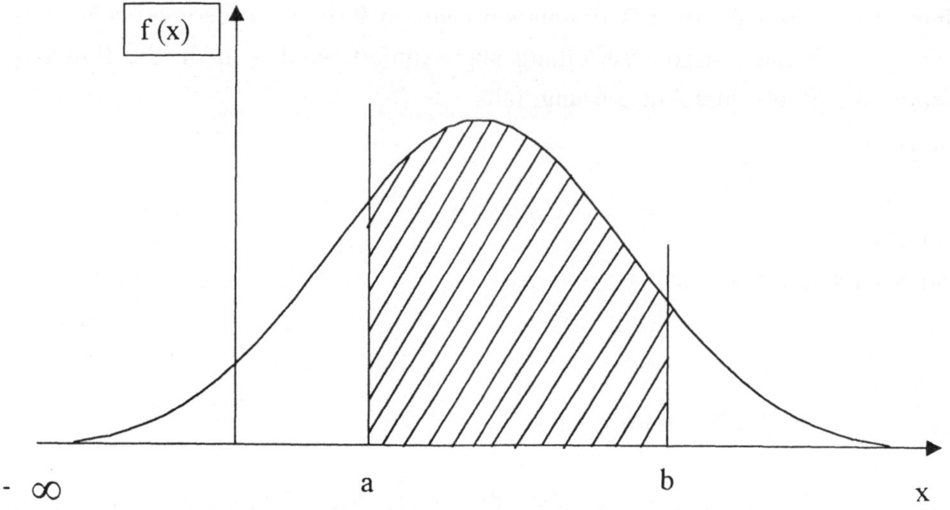

Abbildung 10: Dichtefunktion und W(a ≤ X ≤ b)

5.2.2.1 Gleichverteilung

Wenn alle möglichen Ausprägungen einer Grundgesamtheit die gleiche Auftrittswahrscheinlichkeit besitzen, so liegt eine Gleichverteilung vor. Wir wollen
vorab noch einmal eine diskrete Verteilung betrachten, nämlich eine diskrete
Gleichverteilung, z. B. die Augenzahlen eines Würfels. Für diese gilt:

$$W(X = x_i) = \begin{cases} \dfrac{1}{6} & \text{für } x_i = 1, 3, ..., 6 \\[2ex] 0 & \text{sonst} \end{cases}$$

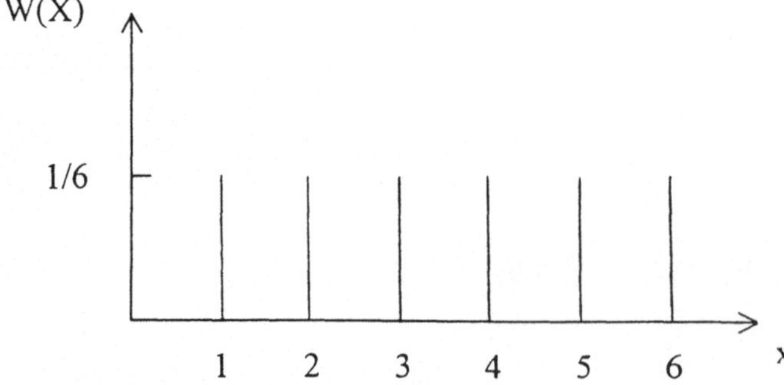

Abbildung 11: Diskrete Gleichverteilung

Entsprechend gilt für n Versuche

$$W(X = x_i) = \frac{n}{6} \qquad \text{für alle } i = 1, \dots 6$$

$$E(X) = \frac{1}{N} \sum_{i=1}^{N} X_i = \frac{1}{6}(1 + 2 + 3 + 4 + 5 + 6) = 3,5$$

$$Var(X) = \frac{1}{N} \sum_{i=1}^{N} \left(X_i - EX\right)^2 = \frac{1}{6}(2,5^2 + 1,5^2 + 0,5^2 + 0,5^2 + 1,5^2 + 2,5^2)$$

$$= \frac{17,5}{6} = 2,917$$

Wir kommen nun zur **stetigen Gleichverteilung**

Die Dichtefunktion einer stetigen Gleichverteilung hat folgendes Aussehen:

$$f_G(x, a, b) = \begin{cases} \dfrac{1}{b-a} & \text{für } a \leq x \leq b \\ 0 & \text{sonst} \end{cases}$$

Gesucht sei die Wahrscheinlichkeit dafür, daß X in einem Intervall $[X + \Delta X]$ liegt. Diese lautet:

$$W(x \leq X \leq x + \Delta X) = \frac{1}{b-a} \cdot \Delta x$$

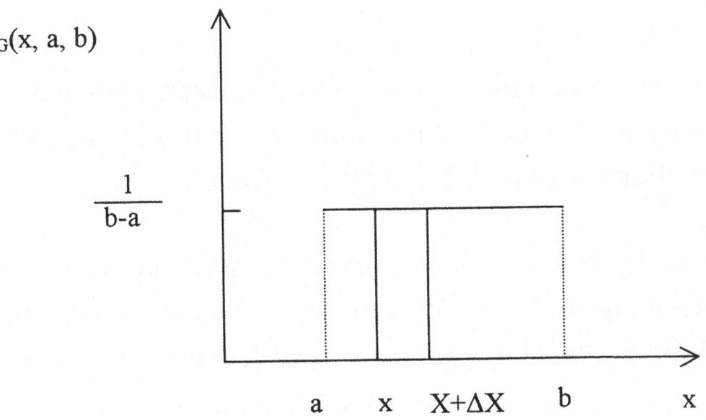

Abbildung 12: Dichtefunktion für X in $[x + \Delta x]$

Für die Verteilungsfunktion einer stetigen Gleichverteilung gilt:

$$F_g(x, a, b) = \begin{cases} 0 & \text{falls } x \leq a \\ \dfrac{x - a}{b - a} & \text{falls } a \leq x \leq b \\ 1 & \text{falls } x \geq b \end{cases}$$

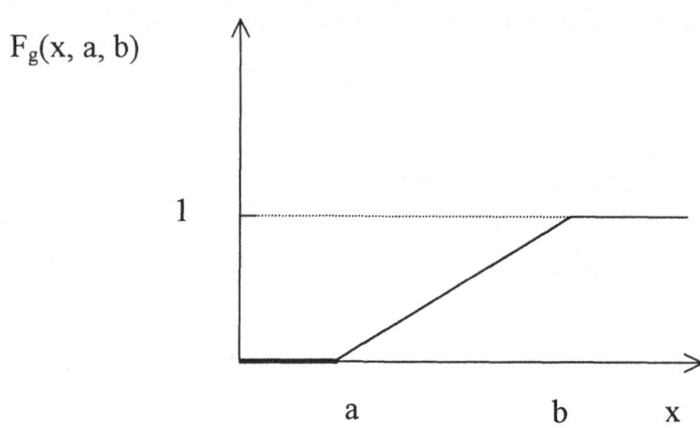

Abbildung 13: Verteilungsfunktion für X bei stetiger Gleichverteilung

Beispiele für stetige Gleichverteilungen

a)   Eine S-Bahnlinie fährt alle 10 Minuten. Wenn man ohne weitere Fahrplankenntnisse zur Station kommt, so ist jede Wartezeit zwischen 0 und 10 Minuten gleichwahrscheinlich. Macht man das häufig, so ist mit einer durchschnittlichen Wartezeit von 5 Minuten zu rechnen.

b)   Eine unterirdisch verlegte Versorgungsleitung hat plötzlich einen Defekt oder eine Unterbrechung. Bei Gas, Wasser, Öl gibt es meist weitere Hinweise auf die defekte Stelle, aber bei Strom- und Kommunikationsverbindungen kommt jede Stelle zwischen den nächsten zugänglichen Kontrollpunkten gleichermaßen als Fehlerstelle in Betracht. (Wer einmal an einem undichten Fahrradschlauch die defekte Stelle gesucht hat, weiß, daß man

– nach Überprüfung des Ventilansatzes – gleichmäßig über den gesamten Umfang nach der undichten Stelle zu suchen hat.)

c) Produktionsautomaten für Kleinteile und Massenartikel laufen oft ohne dauernde Beaufsichtigung. Wird hier bei einer Qualitätskontrolle festgestellt, daß in einer Nachtschicht von 0 Uhr bis 6 Uhr einmal ein defektes Stück gefertigt wurde, so ist – solange weiter nichts bekannt ist – für den Zeitpunkt der Fehlfunktion jeder Zeitpunkt zwischen 0 Uhr und 6 Uhr gleichwahrscheinlich. (Solche nur gelegentlich auftretenden Fehler sind für die Fehlersuche unangenehmer als eine konstante Fehlproduktion.) Wird zur Funktionsüberwachung eine Videokamera installiert, so müssen die Aufnahmen der Schichten, bei denen nachträglich eine Fehlfunktion festgestellt wurde, durchschnittlich bis zur Hälfte durchsucht werden, um die gesuchte Stelle zu finden.

Wir kommen jetzt wieder zu allgemeinen Verteilungen zurück.

Wie schon erwähnt, ist die Wahrscheinlichkeit dafür, daß X einen Wert zwischen a und b annimmt:

$$W(a \leq x \leq b) = \int_a^b f(x)dx$$

Dann können wir auch die Frage danach stellen, wie groß die Wahrscheinlichkeit dafür ist, daß x-Werte $\leq$ a oder $\geq$ b annimmt, also außerhalb eines Intervalls [a,b] liegt. Es gilt:

$$W(-\infty < x \leq a) + W(b \leq x < \infty) = 1 - \int_a^b f(x)dx$$

Das läßt sich graphisch folgendermaßen darstellen:

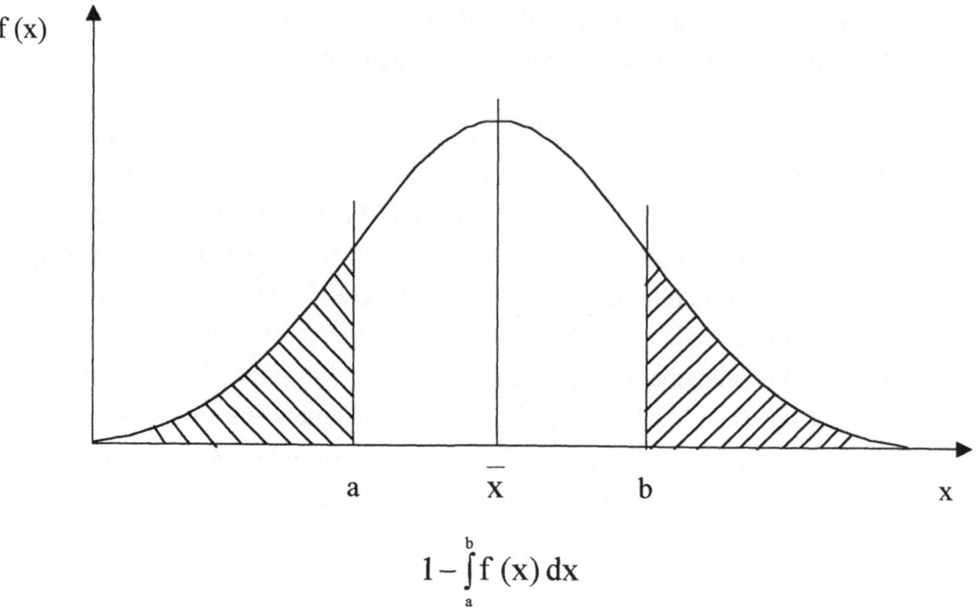

$$1 - \int_{a}^{b} f(x)\,dx$$

Abbildung 14: Dichtefunktion und $W(x \le a;\ x \ge b)$

5.2.2.2 Exponentialverteilung

Eine Zufallsvariable mit der Dichtefunktion>

$$f_E(x,\lambda) = \begin{cases} \lambda e^{-\lambda x} & \text{für } x \ge 0 \text{ und } \lambda > 0 \\ 0 & \text{sonst} \end{cases}$$

wird als exponentialverteilt bezeichnet.

Die Verteilungsfunktion lautet:>

$$f_E(x,\lambda) \begin{cases} 1 - e^{-\lambda x} & \text{für } x \ge 0 \\ 0 & \text{für } x < 0 \end{cases}$$

Die Exponentialverteilung kann herangezogen werden, wenn die Wahrscheinlichkeit dafür gefragt ist, wann mit dem Eintreten eines Ereignisses zu rechnen

88

ist. Die Zeit, die zwischen dem Auftreten zweier Ereignisse liegt, sei exponentialverteilt.

Gefragt könnte beispielsweise die Zeit sein, die zwischen dem Auftauchen einer Störung in einem Kraftwerk vergeht oder die Zeit zwischen dem Auftauchen des nächsten Kunden an einem Schalter, die Zeit zwischen dem Auftreten von Produktionsfehlern usw. Da die Eulersche Zahl e bekannt ist, x gesucht wird, sind sowohl die Dichtefunktion als auch die Verteilungsfunktion der Exponentialverteilung ausschließlich durch einen Parameter, nämlich λ, beschreibbar.

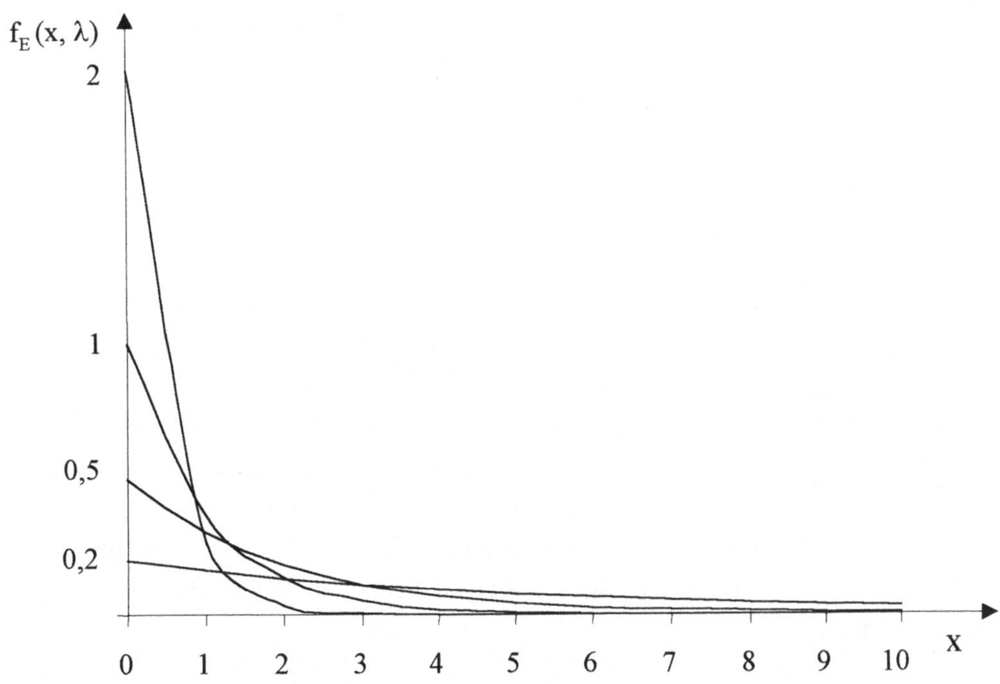

Abbildung 15: Exponentialverteilung, beispielhaft für λ = 2, 1, 0,5, 0,2

Ist also λ bekannt, so ist die Exponentialverteilung bekannt, und es läßt sich sagen, mit welcher Wahrscheinlichkeit zwischen dem Auftreten zweier Ereignisse mindestens t Zeiteinheiten (Sekunden, Minuten usw.) vergehen. Sei z.B. λ = 0,5.

Zur Berechnung verwenden wir dazu die Verteilungsfunktion. Da die Wahrscheinlichkeit dafür, daß das Ereignis überhaupt einmal wieder auftritt, gleich eins ist; gilt für $W(x > t)$:

$$W(x > t) = 1 - W(x \leq t)$$
$$= 1 - F_E (t; 0,5)$$
$$= 1 - (1 - e^{-0,5 \cdot t})$$
$$= e^{-0,5t}$$

Die Wahrscheinlichkeit, daß z.B. mindestens eine Zeiteinheit vergeht, bevor das nächste Ereignis eintritt (also für $t = 1$), ist: $e^{-0,5} = 0,6065$, und für $t = 3$ ergibt sich $W = e^{-0,5 \cdot 3} = e^{-1,5} = 0,2231$.

5.2.2.3 Normalverteilung

Bei der Normalverteilung weist der Bereich um den Mittelwert $\overline{x}$ die höchste Auftrittswahrscheinlichkeit auf. Die nach oben und nach unten abweichenden möglichen Stichprobenmittelwerte $\overline{X}$ treten mit um so geringerer Wahrscheinlichkeit auf, je stärker die Abweichung ist. Daraus ergibt sich eine symmetrische Glocke. Der höchste Punkt der Glocke liegt bei dem Mittelwert der Grundgesamtheit $\overline{x}$. Die Frage, wie flach oder steil die Kurve verläuft, hängt von der Varianz ab (s^2). Bei einer sehr geringen Varianz verläuft die Kurve sehr steil, bei sehr hoher Varianz sehr flach. Sie weist zwei Wendepunkte auf, nämlich genau bei $\overline{x} - s$ und $\overline{x} + s$.

Nun können wir die Normalverteilung konkret beschreiben als stetige Verteilung, die eine symmetrische Dichtefunktion besitzt mit den Parametern s^2 bzw. s und $\overline{x}$. Für die Dichtefunktion gilt:

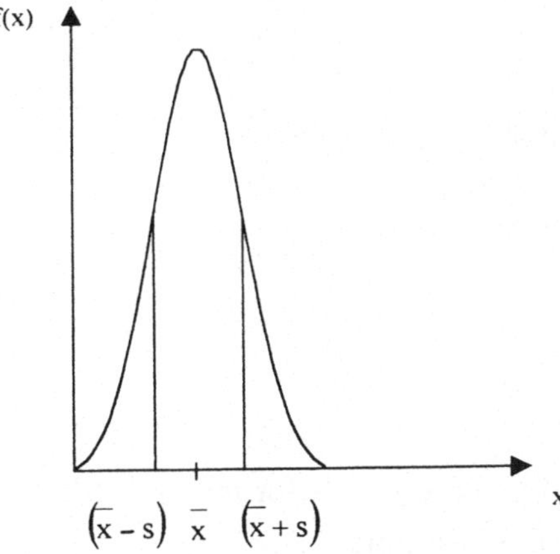

Abbildung 16 a): Normalverteilung mit geringer Varianz

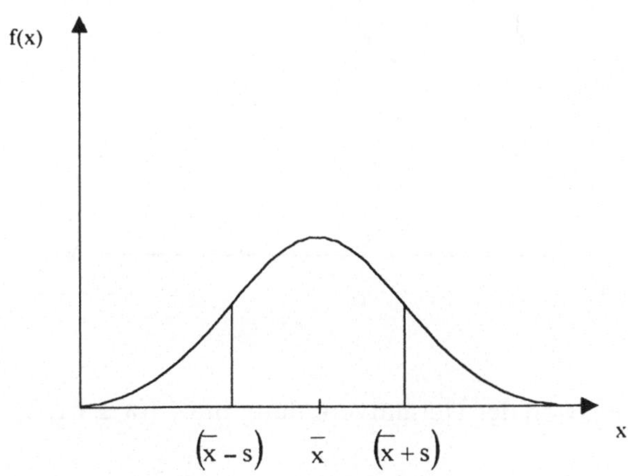

Abbildung 16 b): Normalverteilung mit hoher Varianz

$$f_n\left(x;\overline{x};s^2\right) = \frac{1}{S\sqrt{2\pi}}\, e^{-\frac{1}{2}\left(\frac{x-\overline{x}}{s}\right)^2}$$

Das gilt für $\infty < x < +\infty$ und $s > 0$

Für die Verteilungsfunktion gilt: s^2

$$F_n(a;\overline{x};s^2) = \int_{-\infty}^{a} \frac{1}{S\sqrt{2\pi}}\, e^{-\frac{1}{2}\left(\frac{t-\overline{x}}{s}\right)^2}\, dx$$

Die Verteilungsfunktion hat immer einen S-förmigen Verlauf. Dabei ist der Wendepunkt durch $\overline{x}$ und $F_n = 0,5$ bestimmt.

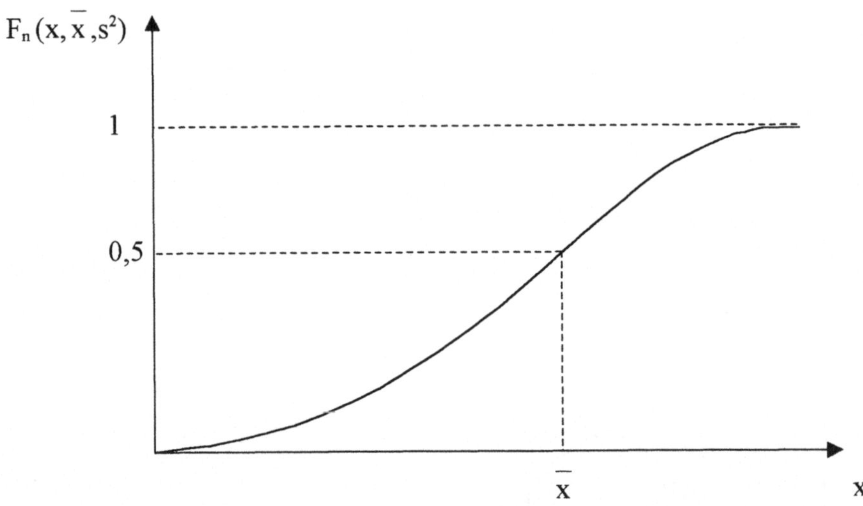

Abbildung 17: Verteilungsfunktion der Normalverteilung mit $W(a \leq x \leq b)$

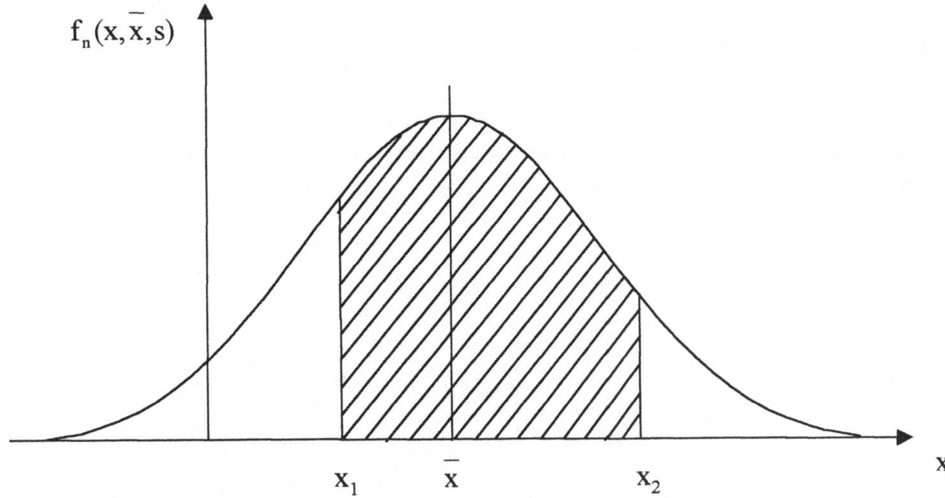

Abbildung 18: Dichtefunktion der Normalverteilung mit $W(x_1 \leq x \leq x^2)$

Der Erwartungswert der Normalverteilung lautet:

$$E\,(x) = \bar{x}$$

Die Varianz der Normalverteilung lautet:

$$Var(x) = s^2$$

Setzen wir $\bar{x} = 0$ und $s^2 = 1$, dann wird aus

$$-\frac{1}{2}\left(\frac{x-\bar{x}}{s}\right)^2 = -\frac{1}{2}\left(\frac{x-0}{1}\right)^2 = -\frac{1}{2}x^2$$

Genau das sind die Voraussetzungen für eine **Standardnormalverteilung.** Diese weist folgende Dichtefunktion auf:

$$f_n(x;\,0;\,1) = \frac{1}{\sqrt{2\pi}}\,e^{-\frac{1}{2}x^2}$$

Die Verteilungsfunktion wird durch folgendes Integral bestimmt:

$$F_n(x; 0; 1) = \int\limits_{-\infty}^{x} \frac{1}{\sqrt{2\pi}} e^{-\frac{1}{2}t^2} dt$$

Diese läßt sich wie folgt darstellen (nach Bleymüller, Gehlert und Gülicher, 1994, S. 61):

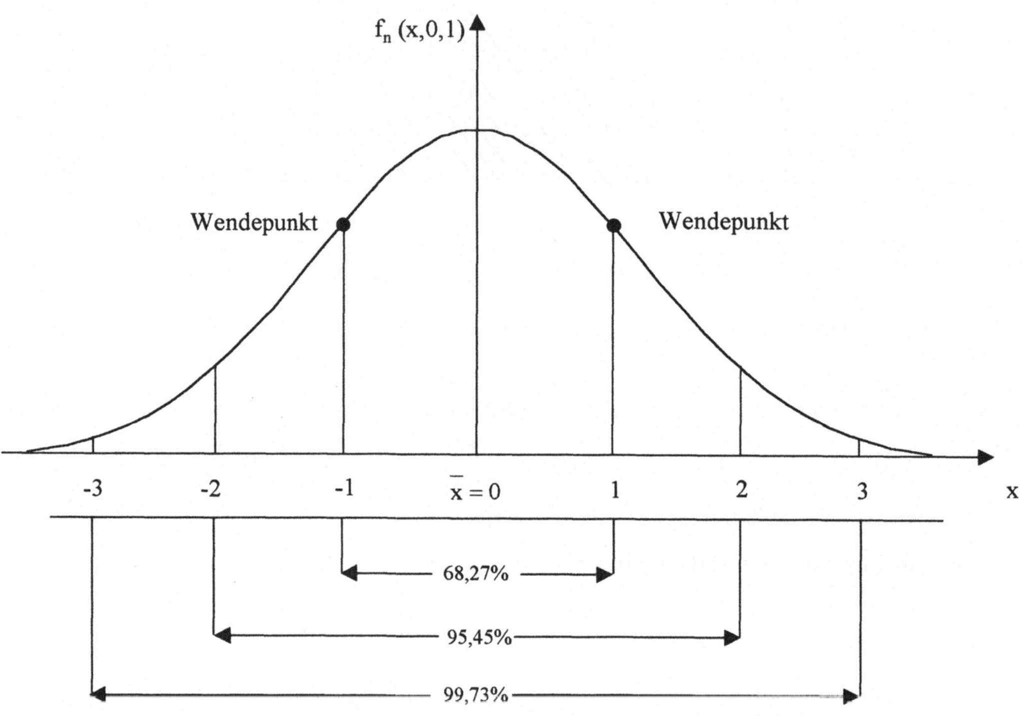

Abbildung 19: Standardnormalverteilung

In Abbildung 19 sind um den Mittelwert $\overline{x} = 0$ die drei wesentlichen Intervalle [-1, +1], [-2, +2], [-3, +3] angegeben, bei denen die Fläche unter der Dichtefunktion die folgenden Werte aufweist: 68,27 %, 95,45 %, 99,37 %.

Die Standardisierung einer jeden Zufallsvariablen kann durch eine einfache lineare Transformation erfolgen. Man bildet die neue standardisierte Zufallsvariable Z, indem man von der Zufallsvariablen X_i den Mittelwert $\overline{x}$ subtrahiert und diesen Wert durch die Standardabweichung s dividiert.

Es gilt also:

$$Z = \frac{x_1 - \overline{X}}{s}$$

Diese Zufallsvariable ist standardnormalverteilt mit den Parametern 0 für den Mittelwert von z und 1 für die Varianz von z.

Gesucht ist in der Regel die Wahrscheinlichkeit dafür, daß x Werte zwischen x_1 und x_2 annimmt, also:

$$W(x) = (x_1 \leq x \leq x_2)$$

Aus der Verteilungsfunktion läßt sich ableiten, daß folgendes gilt:

$$W(x_1 \leq x \leq x_2): F_n(x_2, \overline{X}, s^2) - F_n(x_1, \overline{X}, s^2).$$

Dies ist graphisch leicht zu illustrieren:

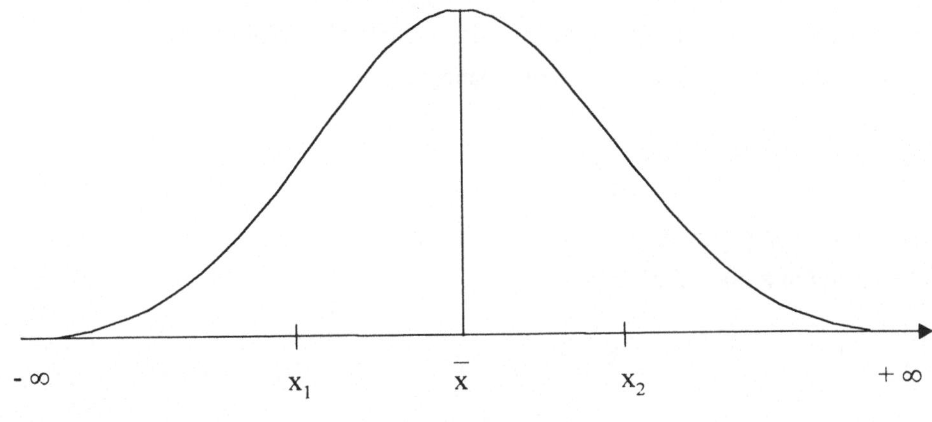

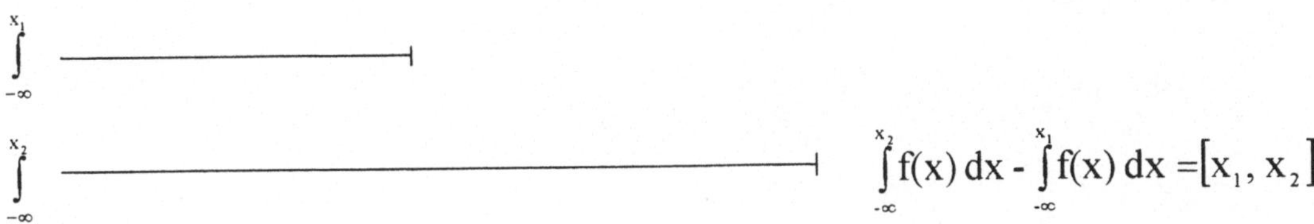

Abbildung 20: $W(x_1 \leq x \leq x_2)$

Wenn wir von dem Integral von -∞ bis x_2 das Integral von -∞ bis x_1 subtrahieren, bleibt die Fläche zwischen x_1 und x_2 bestehen. Diese Fläche hat einen bestimmten Abdeckungsgrad der gesamten Normalverteilung (siehe oben: 68,28 %, 95,45 % oder 99,37 %).

Beispiel: Nehmen wir an, das Füllgewicht einer Packung sei normalverteilt mit den Parametern

$\bar{x} = 530$ g
$s^2 = 81$ (s = 9 g)

Wie groß ist dann die Wahrscheinlichkeit, daß eine Packung ein Gewicht ≥ 550 g aufweist? Es gilt:

$W(x > 550) = 1 - W(x < 550)$

Die Wahrscheinlichkeit, daß x irgendeinen Wert annimmt, lautet $W(x) = 1$. Bei der standardnormalverteilten Verteilung ist das für das Integral von- ∞ bis + ∞ erfüllt. Wenn wir von dieser Gesamtfläche 1 die Wahrscheinlichkeit für die Werte zwischen - ∞ und 550 abziehen, dann bleibt die Wahrscheinlichkeit für die Werte zwischen 550 und + ∞ übrig. Daher:

$W(x > 550) = 1 - W(x < 550)$

Für die Berechnung von $W(x > 550)$ gehen wir zur standardnormalverteilten Zufallsvariablen z über. Aus

$$\frac{x - \bar{x}}{s}$$

ergibt sich für

$z = \dfrac{550 - 530}{9}$; also
$z = 2,2$

Wir bestimmen also $1 - W(z) = 2,2$.

Die Werte der Verteilungsfunktion liegen tabellarisch vor, hier z.B. für die z-Werte von 0 bis + 3,9 und von 0 bis –3,9 (in 0,1er Schritten mit vierstelliger gerundeter Genauigkeit – s. die Tabelle auf der nächsten Seite).

Für z = 2,2 gilt

$F_n (2,2) = 0,9861$.

Mit $1 - W(Z < z)$ folgt:

$1 - 0,9861 = 0,0139$

Die gesuchte Wahrscheinlichkeit beträgt 1,39 %.

Wenn man die Wahrscheinlichkeit dafür sucht, daß das Gewicht z. B. zwischen 540 und 560 g liegt, so gilt:

$W(540 \leq x \leq 560) = W(z_1 \leq Z \leq z_2)$ für die standardisierte Zufallsvariable.

Bei $x_1 = 540$ gilt für z_1

$$\frac{540-550}{9} = -1,1$$

Bei $x_2 = 560$ gilt für z_2

$$\frac{560-540}{9} = +1,1$$

So entsteht:

$W(540 \leq x \leq 560) = W(-1,1 \leq Z \leq +1,1)$

$= F_N(1,1) - F_N(-1,1)$

$= 0,8643 - 0,1357$

Die Werte sind der folgenden Tabelle entnommen.

z	$F_N(z, 0{,}1)$	z	$F_N(z, 0{,}1)$	z	$F_N(z, 0{,}1)$	z	$F_N(z, 0{,}1)$
0,0	0,5000	2,0	0,9773	0,0	0,5000	-2,0	0,0227
0,1	0,5398	2,1	0,9821	-0,1	0,4602	-2,1	0,0179
0,2	0,5793	2,2	0,9861	-0,2	0,4207	-2,2	0,0139
0,3	0,6179	2,3	0,9893	-0,3	0,3821	-2,3	0,0107
0,4	0,6554	2,4	0,9918	-0,4	0,3446	-2,4	0,0082
0,5	0,6915	2,5	0,9938	-0,5	0,3085	-2,5	0,0062
0,6	0,7257	2,6	0,9953	-0,6	0,2743	-2,6	0,0047
0,7	0,7580	2,7	0,9965	-0,7	0,2420	-2,7	0,0035
0,8	0,7881	2,8	0,9974	-0,8	0,2119	-2,8	0,0026
0,9	0,8159	2,9	0,9981	-0,9	0,1841	-2,9	0,0019
1,0	0,8413	3,0	0,9987	-1,0	0,1587	-3,0	0,0013
1,1	0,8643	3,1	0,9990	-1,1	0,1357	-3,1	0,0010
1,2	0,8849	3,2	0,9993	-1,2	0,1151	-3,2	0,0007
1,3	0,9032	3,3	0,9995	-1,3	0,0968	-3,3	0,0005
1,4	0,9192	3,4	0,9997	-1,4	0,0808	-3,4	0,0003
1,5	0,9332	3,5	0,9998	-1,5	0,0668	-3,5	0,0002
1,6	0,9452	3,6	0,9998	-1,6	0,0548	-3,6	0,0002
1,7	0,9554	3,7	0,9999	-1,7	0,0446	-3,7	0,0001
1,8	0,9641	3,8	0,9999	-1,8	0,0359	-3,8	0,0001
1,9	0,9713	3,9	1,0000	-1,9	0,0287	-3,9	0,0000

Wie man an der Tabelle leicht überprüfen kann, gilt für ein beliebiges z

$$F_N(z) + F_N(z) = 1,$$

da die Dichtefunktion der Normalverteilung symmetrisch zum Nullpunkt ist. Tabellen führen deshalb nur F_N-Werte für nicht negative z auf; für negative z wird der F_N-Wert dann gemäß

$$F_N(-z) = 1 - F_N(z)$$

bestimmt. Man verifiziere das für den vorliegenden Fall (z = -1,1).

Es findet sich also der Wert: $0,8643 - 0,1357 = 0,7286$.

Somit lautet die gesuchte Wahrscheinlichkeit 72,86 %.

Auf die Berechnung ähnlicher Intervalle kommen wir noch einmal zurück, wenn es darum geht, Konfidenzintervalle bei standardnormalverteilten Zufallsvariablen zu ermitteln.

5.2.2.4 χ^2-Unabhängigkeitstest[1]

Der im folgenden behandelte χ^2-Test dient der Prüfung von Hypothesen stochastischer Unabhängigkeit zweier Merkmale. In die Testgröße fließt ausschließlich die Häufigkeitsverteilung der Merkmale ein. Der Test ist daher unabhängig von den angewandten Meßmethoden der betrachteten Merkmale. Es ist also möglich, die stochastische Unabhängigkeit zweier Merkmale zu untersuchen, die unterschiedlich skaliert sind.

X und Y seien zwei Zufallsvariablen, deren stochastische Unabhängigkeit überprüft werden soll. Geprüft wird also:

H_0 (X und Y stochastisch unabhängig) gegen H_1 (X und Y stochastisch abhängig)

Wir gehen dabei von folgender Arbeitstabelle aus:

	y_1	y_2	...	Y_m	Σ
x_1	n_{11}	n_{12}	...	n_{1m}	$n_{1\bullet}$
x_2	n_{21}	n_{22}	...	n_{2m}	$n_{2\bullet}$
...	...	...	...	...	...
...	...	...	n_{ij}	...	...
...	...	...	...	...	...
...	...	...	...	...	...
x_k	n_{k1}	n_{k2}	...	n_{km}	$n_{k\bullet}$
Σ	$n_{\bullet 1}$	$n_{\bullet 2}$	...	$n_{\bullet m}$	n

---

[1]   Auszugsweise in Anlehnung an Guckelsberger & Unger, 1998, S. 140 ff.

Die Bezeichnungen $n_i.$ bzw. $n._j$ bezeichnen die Randverteilungen, d.h. einmal wird n_{ij} über alle j betrachtet und ein anderes Mal n_{ij} über alle i. Das ist aus der dargestellten zweidimensionalen Häufigkeit von X und Y wie folgt leicht ersichtlich:

Die Prüfgröße dieses Tests ist die „quadratische Kontingenz". Diese Größe ist gegeben durch folgenden Ausdruck:

$$T = \sum_{i=1}^{k} \sum_{j=1}^{m} \frac{\left(n_{ij} - \frac{n_i. \cdot n._j}{n} \right)^2}{n \frac{n_i. \cdot n._j}{n}}$$

Der Ausdruck

$$\frac{n_i. \cdot n._j}{n}$$

beschreibt die **theoretische** Häufigkeit der Kombination aus der i-ten Ausprägung des ersten (i = 1, ..., k) und j-ten Ausprägung (j = 1, ..., m) des zweiten Merkmals unter der Bedingung der Nullhypothese.

Zwei Ereignisse A und B sind genau dann stochastisch unabhängig, wenn sich die Wahrscheinlichkeit für das gemeinsame Eintreffen von A und B, also die Wahrscheinlichkeit $P(A \cap B)$ als Produkt der Randverteilungen $P(A) \cdot P(B)$ darstellen läßt. Wenn wir die Nullhypothese annehmen, so sollten die Abweichungen von n_{ij}, also die Häufigkeit mit der die Kombination der Ausprägungen X_i und Y_j beobachtet wird, von der theoretischen Häufigkeit

$$\frac{n_i. \cdot n._j}{n}$$

nicht sehr groß sein. Bei perfekter Unabhängigkeit dürften keine Unterschiede auftreten, d.h. die Testgröße T nimmt den Wert 0 an. Das ist bei Stichproben nicht zu erwarten.

Die Testgröße T folgt asymptotisch einer χ^2-Verteilung mit $v = (k-1)(m-1)$ Freiheitsgraden. Der Annahmebereich der Hypothese lautet:

$$A_{n,a} = \left[O, \chi^2{}_{v = (k-1)(m-1)(1-\alpha)} \right)$$

$\chi^2{}_{v=(k-1)(m-1)(1-\alpha)}$ beschreibt den $(1-\alpha)$-Bereich der χ^2-Verteilung mit $v = (k-1)(m-1)$ Freiheitsgraden. Der χ^2-Test liefert dann hinreichend gute Schätzwerte, wenn folgende Voraussetzungen erfüllt sind:

$$\frac{n_i \cdot n_{\bullet j}}{n} \geq 2 \text{ für alle i und j, sowie } \frac{n_i \cdot n_{\bullet j}}{n} \geq 5$$

für etwa ¾ aller Kombinationen (i, j).

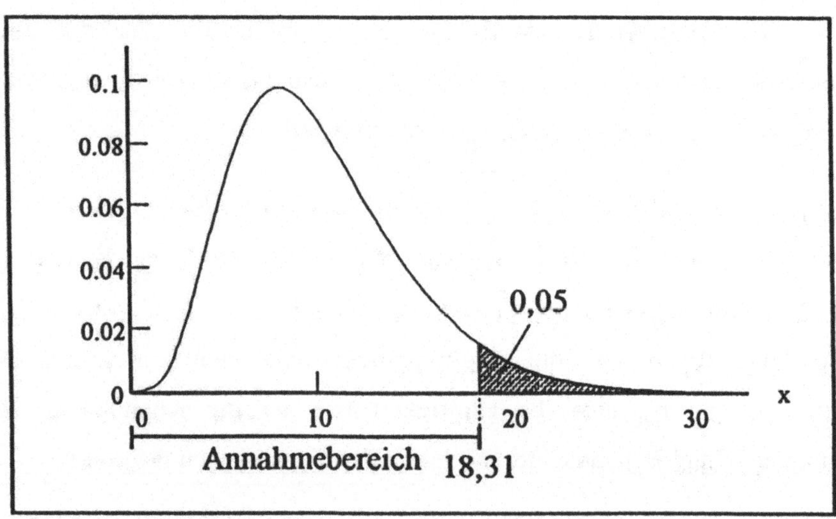

Abbildung 21: Annahmebereich beim χ^2-Test, $\alpha = 0,05$; $v = (k-1)(m-1)=10$

Beispiel: Es soll untersucht werden, ob es zwischen der Bewertung natriumarmen Mineralwassers durch Kunden und dem Kauf bestimmter Marken einen Zusammenhang gibt. Man befragt n = 400 potentielle Kunden und erhält das folgende Ergebnis.

Bewertung der Eigenschaft „natriumarm" auf einer Skala	Kaufhäufigkeit der Marken				Summe
	A	B	C	keine	
1	20	2	51	2	75
2	25	3	32	6	66
3	16	4	30	5	55
4	22	7	11	2	42
5	15	12	12	3	42
6	20	24	8	3	55
7	14	36	4	11	65
Summe	132	88	148	32	400

Die obige Voraussetzung ist erfüllt: Für alle Kombinationen (i, j) ist die theoretische Häufigkeit mindestens 2 und für 23 von 28 Kombinationen (82 %) ist sie größer als 5. Der empirische Wert der χ^2-Testgröße ist gleich

$$T = \frac{\left(20-\dfrac{75\cdot132}{400}\right)^2}{\dfrac{75\cdot132}{400}} + \frac{\left(2-\dfrac{75\cdot88}{400}\right)^2}{\dfrac{75\cdot88}{400}} + \ldots + \frac{\left(11-\dfrac{65\cdot32}{400}\right)^2}{\dfrac{65\cdot32}{400}} = 145,7$$

Bei einer Irrtumswahrscheinlichkeit von 5 % ergibt sich der kritische Wert

$$\chi^2_{v=6\cdot3;\,0,05} = 28,9$$

Die Unabhängigkeitshypothese ist abzulehnen (der Wert hätte unter 28,9 bleiben müssen, vgl. Abbildung 21), es kann also angenommen werden, daß tatsächlich ein Zusammenhang zwischen der Bewertung und dem Kauf bestimmter Produkte besteht.

5.2.2.5 χ^2-Anpassungstests

Unter Anpassungstests versteht man die Prüfung einer Hypothese darüber, daß eine Zufallsvariable X einer bestimmten Verteilungsfunktion F unterliegt. Es steht also:

$H_0(X = F)$ gegen $H_1(X \neq F)$.

= bedeutet „ist verteilt nach", und $\neq$ bedeutet „ist nicht verteilt nach". Zur Überprüfung dieser Hypothesen dient einmal der χ^2-Anpassungstest und zum anderen der Kolmogoroff-Test.[2]

Beim χ^2-Anpassungstest wird wiederum eine empirische mit einer theoretischen Wahrscheinlichkeit verglichen. Es wird geprüft, ob die Abweichungen voneinander zufällig oder signifikant sind. Dazu wird der gesamte Wertebereich der

104

Zufallsvariablen X in eine Anzahl von disjunkten Intervallen zerlegt. Jeder Punkt des Wertebereiches fällt in genau ein Intervall. Nehmen wir an, der Wertebereich der Zufallsvariablen X sei in folgende k Intervalle zerlegt:

$$I_1 \cup I_2 \cup ... \cup I_k$$

Die Konstruktion der Intervalle muß so erfolgen, daß alle theoretischen Häufigkeiten der in die Intervalle fallenden Beobachtungen unter der Bedingung der Nullhypothese mindestens gleich 2 und für ¾ der Intervalle mindestens gleich 5 sind.

In einem Beispiel seien n_1, n_2, ..., n_k die tatsächlich gefundenen empirischen Häufigkeitsverteilungen. n_i gibt also die Anzahl der in das i-te Intervall gefallenen Beobachtungen an. p_i stelle die unter der Annahmebedingung für die Nullhypothese auf die einzelnen Intervalle entfallenden Wahrscheinlichkeiten dar:

$$p_1 = P(X \in I_1), \ p_2 = P(X \in I_2), \ ..., \ p_k = P(X \in I_k).$$

Es wird also die Wahrscheinlichkeit dafür geprüft, daß X ein Wert des ersten Intervalls ist $p(X \in I_1)$ usw. Bei einem Stichprobenumfang von n ergeben sich bestimmte theoretische Häufigkeiten unter der Bedingung, daß von einer Normalverteilung ausgegangen werden kann. $n \cdot p_1 = n_1^*$ besagt also, daß unter der Annahme einer gesuchten theoretischen Häufigkeitsverteilung im ersten Intervall n_1^* empirisch zu beobachtende Fälle eintreffen müßten. Allgemein gilt für alle Intervalle und die sich daraus ergebenden theoretischen Fallzahlen:

$$n_1^* = n \cdot p_1, \ n_2^* = n \cdot p_2, \ ..., \ n_k^* = n \cdot p_k.$$

---

[2]   Wir behandeln den Kolmogoroff-Test hier nicht (vergleiche Guckelsberger und Unger, 1998, S. 146 und 147).

Wir finden so eine Reihe theoretischer Häufigkeiten, denen wir die tatsächlich eingetretenen Häufigkeiten gegenüberstellen. Dazu verwenden wir folgende Prüffunktion:

$$T = \sum_{i=1}^{k} \frac{\left(n_i - n_i^*\right)}{n_i^*}$$

Diese Prüffunktion folgt asymptotisch einer χ^2-Verteilung mit $v = k-1$ Freiheitsgraden. Die Anzahl der Freiheitsgrade reduziert sich um jeden weiteren geschätzten Parameter. Werden also auch noch Mittelwerte und Varianzen zu schätzen sein, so folgt die Prüffunktion asymptotisch einer χ^2-Verteilung mit $v = k-3$ Freiheitsgraden.

Beispiel: Wir testen die Hypothese, daß ein Merkmal „Verbrauch je Zeiteinheit in Packungseinheiten" einer Normalverteilung gehorcht. Aus der Verbraucherforschung mögen uns folgende Zahlen vorliegen, wobei $n = 200$ Verbraucher beobachtet wurden.

Packungseinheiten je Zeiteinheit	Anzahl der Verbraucher
1	5
2	10
3	18
4	30
5	53
6	27
7	25
8	20
9	12

Für die Stichprobe ergibt sich ein Mittelwert $\overline{X} = 5{,}345$ sowie eine Varianz $s^2 = 3{,}755$.

X kann also ganzzahlige Werte zwischen 1 und 9 annehmen. Wir haben nur ein kleines Problem. Es liegen diskrete Merkmale vor, die wir aber durch eine stetige Verteilung beschreiben wollen (Normalverteilung). Wir können aber um die X-Werte Intervalle schlagen und zwar dergestalt, daß gilt:

$I_i = [i - \frac{1}{2}, i + \frac{1}{2})$ für I_1 ergibt sich also $[0,5; 1,5)$.

Wir benutzen die aus der Stichprobe geschätzten Parameter $\overline{x} = 5,345$ und $s_1^2 = 3,755$. Damit erhält man

$$P(X \in I_1) = P(0,5 \leq X < 1,5) = P\left(\frac{0,5-5,345}{\sqrt{3,755}} \leq Z < \frac{1,5-5,345}{\sqrt{3,755}}\right)$$
$$= P(-2,500 \leq Z < -1,984)$$
$$= P(Z < -1,984) - P(Z < -2,5)$$
$$= F(-1,984) - F(-2,5) = 0,024 - 0,006 = 0,018$$

F bezeichnet die Verteilungsfunktion der Standardnormalverteilung.

Bei einem Stichprobenumfang von $n = 200$ errechnet sich damit die theoretische Häufigkeit:

$$n_1^* = 200 \cdot 0,018 = 3,6$$

Entsprechend berechnet man

$$n_2^* = 9,48 \qquad n_3^* = 19,90 \qquad n_4^* = 32,18 \qquad n_5^* = 40,10$$

$$n_6^* = 38,51 \qquad n_7^* = 28,51 \qquad n_8^* = 16,26 \qquad n_9^* = 7,15$$

Damit ist die Testgröße

$$T = \frac{(5-3,6)^2}{3,6} + \frac{(10-9,48)^2}{9,48} + \dots + \frac{(12-7,15)^2}{7,15} = 13,20$$

Bei neun Intervallen und zwei aus der Stichprobe geschätzten Parametern verringert sich die Zahl der Freiheitsgrade auf $v = 6$. Zur Irrtumswahrscheinlichkeit $\alpha = 0,05$ erhält man dann

$$\chi^2_{v=6;\ \alpha=0,05} = 12,59$$

Bei diesem Ergebnis ist die Nullhypothese abzulehnen, da der empirische Wert 13,2 den kritischen Wert von 12,59 übersteigt, somit nicht mehr mit zufälliger Abweichung begründet werden kann.

Die Summe der theoretischen Häufigkeiten ist hier natürlich etwas geringer als 200, da eine normalverteilte Zufallsvariable alle Werte zwischen $-\infty$ und $+\infty$ auf der reellen Achse annehmen kann, wir den Bereich aber auf das Intervall $[0.5; 9.5)$ eingeschränkt haben. Ändert man die Randintervalle wie folgt ab,

$$I_1 = (-\infty, 1.5) \text{ und } I_9 = [8.5, \infty)$$

so erhält man $T = 9{,}52$. Die Nullhypothese wird nun angenommen.

Wir nehmen als Beispiel ein anderes Produkt. Wiederum wird der Verbrauch in Packungseinheiten in Zeiteinheit gemessen. Es finden sich folgende Werte:

Packungseinheiten je Zeiteinheit	Anzahl der Verbraucher
1	10
2	12
3	24
4	30
5	46
6	32
7	22
8	18
9	6

Aus der Stichprobe erhält man folgende Schätzwerte:

$$\overline{x} = 5{,}0; \quad s^2 = 3{,}879$$

Wenn für diesen Fall die gleichen Tests durchgeführt werden, so erhält man die Testgröße $T = 13{,}03$, d. h. die Nullhypothese ist abzulehnen. Die Verbrauchsmengen folgen nicht einer Normalverteilung. Die Ablehnung ist allerdings äußerst knapp. Manche Statistiker sind der Auffassung, daß man bei dermaßen knapper Ablehnung unter Zurückstellung gewisser Bedenken Tests, die eine Normalverteilung voraussetzen, durchführen kann.

5.2.2.6 χ^2-Homogenitätstest

Beim χ^2-Homogenitätstest wird die Hypothese geprüft, daß zwei Zufallsvariablen einer gleichen Verteilung gehorchen. Gegeben seien die Zufallsvariablen X und Y, mit den Verteilungsfunktionen F_X und F_Y. Der Test lautet:

$H_0 (F_X = F_Y)$ gegen $H_1(F_X \neq F_Y)$.

Die Wertebereiche der Zufallsvariablen werden in disjunkte, d. h. nicht überlappende Intervalle zerlegt:

$I_1, I_2, ..., I_k$

Aus zwei Grundgesamtheiten wurde eine Stichprobe gezogen mit:

$X_1, X_2, ..., X_n$ bzw. für die zweite Stichprobe $Y_1, Y_2, ..., Y_m$.

$N_1, N_2, ..., N_k$

sind die Anzahl der Fälle, bei denen in $I_1, I_2, ..., I_k$ Intervalle gefallen sind. Gleiches gilt für die zweite Stichprobe:

$M_1, M_2, ... M_k$

beschreibt die Anzahl der Fälle der zweiten Stichprobe, bei denen Y in $I_1, I_2, ..., I_k$ gefallen sind. Die Testgröße lautet:

$$T = \sum_{i=1}^{k} \frac{\left(N_i - \dfrac{n(N_i+M_i)}{n+m}\right)^2}{\dfrac{n(N_i+M_i)}{n+m}} + \sum_{i=1}^{k} \frac{\left(M_i - \dfrac{m(N_i+M_i)}{n+m}\right)^2}{\dfrac{m(N_i+M_i)}{n+m}}$$

Diese Testgröße folgt asymptotisch einer χ^2-Verteilung, wenn folgende Voraussetzungen erfüllt sind: alle Werte für $n(N_i + M_i)$ und alle Werte für $m(N_i + M_i)$ müssen mindestens gleich $2 \cdot |n-m)|$ und wenigstens ¾ dieser Werte muß mindestens gleich $5 \cdot (n+m)$ sein. Die χ^2-Verteilung weist $v = k-1$ Freiheitsgrade auf. Bei gegebenem α-Fehler lautet der Annahmebereich

$$A_{n,m,\alpha} = [0, \chi^2_{v=k-1;1-\alpha})$$

Dabei bezeichnet $[0, \chi^2_{k-1;1-\alpha})$ wiederum den entsprechenden Bereich innerhalb der χ^2-Verteilung.

Beispiel (Guckelsberger & Unger, 1998, S. 149): Je 900 Personen beiderlei Geschlechts werden nach der Häufigkeit ihres Kinobesuchs gefragt. Man erhält das folgende Ergebnis:

Anzahl der Kinobesuche pro Jahr	Nennungen	
	männlich	**weiblich**
0	95	255
1	38	94
2	65	115
3	85	135
4	102	88
5	125	65
6	122	50
7	95	45
8	89	33
9	45	20
10 und mehr	39	0

Ist das Verhalten beider Gruppen vergleichbar? Die Frage kann auch so formuliert werden, ob entweder die Merkmale „Häufigkeit des Kinobesuchs" und „Geschlecht" stochastisch unabhängig sind oder ob die Häufigkeitsverteilungen der Kinobesuche in beiden Gruppen einander entsprechen. Vergleicht man den χ^2-Unabhängigkeitstest mit dem χ^2-Homogenitätstest, so stellt man fest, daß es sich in der Tat im Prinzip um den gleichen Test handelt. Sind die Verteilungen nämlich gleich, so ist die Verteilung des einen Merkmals ja tatsächlich unabhängig vom zweiten Merkmal, die beiden Zufallsvariablen „Häufigkeit des Kinobesuchs" und „Geschlecht" also stochastisch unabhängig.

Für die Testgröße berechnen wir

$$T = \frac{\left(95-\frac{900\cdot(95+255)}{1.800}\right)^2}{\frac{900\cdot(95+255)}{1.800}} + \ldots + \frac{\left(39-\frac{900\cdot(30+0)}{1.800}\right)^2}{\frac{900\cdot(30+0)}{1.800}} +$$

$$\frac{\left(255-\frac{900\cdot(95+255)}{1.800}\right)^2}{\frac{900\cdot(95+255)}{1.800}} + \ldots + \frac{\left(0-\frac{900\cdot(30+0)}{1.800}\right)^2}{\frac{900\cdot(39+0)}{1.800}} = 234,1$$

Zum Signifikanzniveau von $\alpha = 0,05$ und $v = 10$ (wir haben 11 Intervalle) erhält man den kritischen Wert $\chi^2_{v=\,10;1-\alpha}{=}0,95{=}18,3$. Die Nullhypothese ist abzulehnen. Das Kinobesuchsverhalten der Männer ist nach diesem Ergebnis signifikant anders als das der Frauen.

Übungsaufgaben

5.4   Ein bestimmter Artikel sei in einem Lager 10.000 mal vorhanden. Es ist bekannt, daß bei diesem Artikel genau 1 % Ausschuß ist. Dem Vorrat werden per Zufallsauswahl 200 Stück entnommen. Wie groß ist die Wahrscheinlichkeit, daß unter den 200 Stück

a)   genau 5 defekt sind

b)   höchstens 3 defekt sind?

Man mache in beiden Fällen den Ansatz

1.   mit der „exakten" hypergeometrischen Verteilung und

2.   mit der angenäherten Poisson-Verteilung

und berechne die Wahrscheinlichkeiten für den 2. Fall. Warum ist die Vorgehensweise mit der Poisson-Verteilung angemessener als die Vorgehensweise mit der hypergeometrischen Verteilung?

5.5   Ein Gefangener bereitet seine Flucht aus dem Kerker vor. Er rechnet für seine Vorbereitungen mit insgesamt 60 Stunden Arbeitszeit. Diese Arbeiten muß er nachts zwischen 0 Uhr und 4 Uhr erledigen. Er kann außerdem erst beginnen, wenn die einmalige nächtliche Kontrolle durch ist. Diese erfolgt absolut zufällig (gleichverteilt) zwischen 0 Uhr und 4 Uhr.

Mit wieviel Tagen muß er bis zu seinem Ausbruch rechnen, wenn er ab sofort jede Nacht unmittelbar nach dem Kontrolldurchgang

a)   bis 4 Uhr arbeitet?

b)   nur dann noch bis 4 Uhr arbeitet, wenn die Kontrolle vor 3 Uhr durchgekommen ist – er also gegebenenfalls ab 3 Uhr besser eine Stunde schläft, anstatt abzuwarten, bis er noch eine kurze Zeit zum Arbeiten zur Verfügung hat?

5.6 An einer Autowaschanlage treffe (wochentags – tagsüber) mit Wahrscheinlichkeit ½ spätestens nach 20 Minuten ein neuer Kunde ein.

a) Wie sieht die hier anzusetzende Exponentialverteilung aus (gefragt ist also λ)?

b) Wie groß ist die Wahrscheinlichkeit, daß während einer zehnminütigen Kurzinspektion

c) während eines halbstündigen Bürstenwechsels ein neuer Kunde eintrifft und warten muß?

5.7 Eine Möbelfabrik stellt Billigregale her. Ein Regal wird mit 20 Schrauben zusammengebaut. Für die Schrauben müssen Löcher mit einem Solldurchmesser von 7 mm vorgebohrt werden. Da schnell und nicht so exakt gebohrt wird, ist der Bohrlochdurchmesser eine – wie man von früher weiß – normalverteilte Zufallsvariable mit Mittelwert 7 mm und Varianz $1/4$ mm^2. Die Schrauben können verbindend angebracht werden, wenn der Durchmesser des Bohrlochs zwischen 6 und 9 mm liegt. Liegt der Durchmesser darüber, so muß in der Nachbehandlung ein nicht verbindender Blindschraubenkopf eingesetzt werden. Liegt der Durchmesser darunter, so platzt beim automatischen Einbohren der Schrauben das Furnier ab, das Regal kann nicht mehr als reguläre Ware verkauft werden.

a) Wie groß ist die Wahrscheinlichkeit, daß der Bohrlochdurchmesser zwischen 6 und 9 mm bzw. unter 6 mm bzw. über 9 mm liegt?

b) Ein Regal ist stabil, wenn mindestens 16 der 20 Schrauben fest verbinden. Wie groß ist die Wahrscheinlichkeit, daß ein automatisch gefertigtes Regal nicht stabil ist? Wie groß ist die Wahrscheinlichkeit, daß ein automatisch gefertigtes Regal nicht als reguläre Ware verkauft werden kann?

c)	Man kann die Bohrmaschine auch auf einen Mittelwert von 8 mm mit derselben Varianz einstellen. Was ergibt sich dann für die oben gefragten Wahrscheinlichkeiten?

5.3 Konfidenzintervalle

Ein gefundener Stichprobenmittelwert erlaubt es, mit einer festgelegten Wahrscheinlichkeit und zu berechnendem Schätzfehler auf den Mittelwert der Grundgesamtheit zu schließen. Für die folgenden Ausführungen gehen wir von einer Stichprobe mit Umfang $n > 30$ aus. Für kleinere Stichproben ist nicht die hier angenommene Normalverteilung heranzuziehen sondern die t-Verteilung (vgl. Vogel, 1997, S. 136 – 139).

Gesucht ist $\bar{x}$. Es liegt der Mittelwert einer Stichprobe vor, nämlich $\bar{X}$. Wir können annehmen, daß der wahre Mittelwert $\bar{x}$ in einem Intervall um unseren Stichprobenmittelwert $\bar{X}$ liegt. Dieses Intervall mit der Länge 2d ist symmetrisch um $\bar{X}$: (U, O) mit $U = \bar{X} - d$ und $O = \bar{X} + d$ als Untergrenze U von Obergrenze O. Dieses Intervall wird als Vertrauens- oder Konfidenzintervall bezeichnet. Wir können davon ausgehen, daß alle in vielen möglichen gefundenen Stichproben vorkommenden Mittelwerte $\bar{X}$ gleichmäßig um den tatsächlichen Mittelwert der Grundgesamtheit $\bar{x}$ streuen. Die meisten davon liegen in unmittelbarer Nähe, einige wenige relativ weit davon entfernt. Wenn wir großes Pech haben, dann finden wir einmal eine Extremstichprobe, deren Ergebnis sehr weit vom wahren Wert der Grundgesamtheit entfernt liegt. Dieses „Pech" läßt sich aber wahrscheinlichkeitstheoretisch berechnen.

Wir können davon ausgehen, daß der tatsächliche Mittelwert $\bar{x}$ um so näher bei $\bar{X}$ liegt, je weniger die Merkmalsausprägungen, die real vorgefundenen Werte X_i (i:1, ..., n) um deren Mittelwert $\bar{X}$ streuen. Je geringer die Varianz der Stichprobe ist (damit vermutlich auch der Grundgesamtheit), desto geringer ist der Schätzfehler. Das drückt sich durch ein kleineres Konfidenzintervall aus, verbunden mit einer höheren Wahrscheinlichkeit dafür, daß der Mittelwert der Grundgesamtheit tatsächlich in diesem Vertrauensintervall liegt.

Wir nehmen an, daß X standardnormalverteilt ist. Mit recht hoher Wahrscheinlichkeit gehen wir davon aus, daß $\bar{X}$ in einem Bereich in der Nähe von $\bar{x}$ liegt. Die Wahrscheinlichkeit dafür, daß $\bar{X}$ weit von $\bar{x}$ entfernt liegt, sinkt mit der möglichen Entfernung von $\bar{x}$.

Wie gering die Irrtumswahrscheinlichkeit (die Wahrscheinlichkeit dafür, daß wir eine Stichprobe finden, die uns ein Konfidenzintervall beschert, das den wahren Wert der Grundgesamtheit $\overline{x}$ nicht in das Vertrauensintervall (U, O) einschließt, kann durch die Bestimmung des α-Fehlers festgelegt werden. All das ist möglich, wenn wir die Standardnormalverteilung annehmen können. Die Voraussetzungen dafür sind n > 30; n/N < 0,05. Auf eine ausführliche Beweisführung verzichten wir, es sei auf Bortz (1993, S. 89 ff) verwiesen.

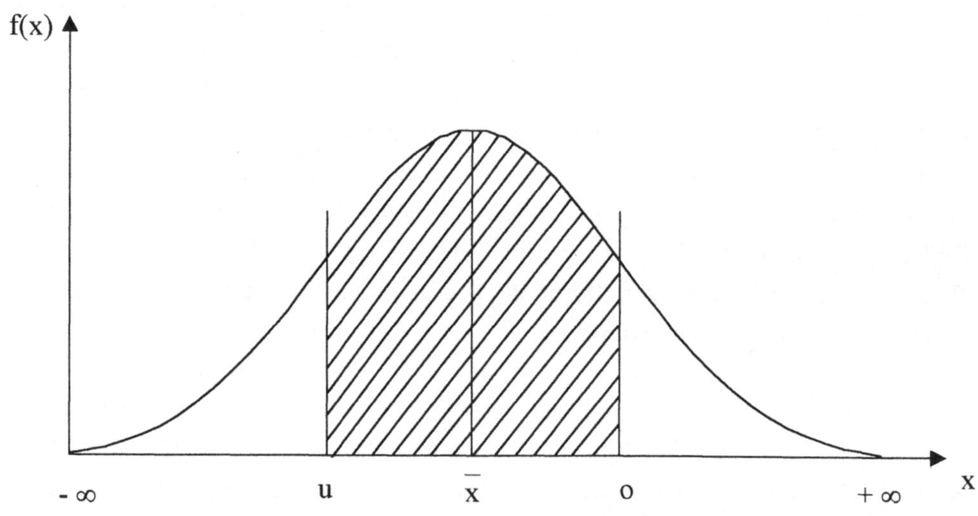

Abbildung 22: Normalverteilung von $\overline{X}$ mit Konfidenzintervall (U, O)

Die Senkrechte steht für $\overline{X}$. Die Normalverteilungsfunktion zeigt die Wahrscheinlichkeit dafür, daß $\overline{x}$ von $\overline{X}$ einen abweichenden Wert aufweist. Mit der zu bestimmenden Wahrscheinlichkeit liegt $\overline{x}$ z. B. innerhalb des Konfidenzintervalls (U, O), also innerhalb des schraffierten Bereiches. Mathematisch ergibt sich das daraus, daß die gesamte Verteilung von -∞ bis +∞ die Fläche 1 aufweist. Integriert man von -∞ bis O und zieht davon das Integral von -∞ bis U

116

ab, so bleibt die Fläche zwischen U und O übrig. Die nichtschraffierte Fläche zwischen -∞ und U sowie zwischen O und +∞ umschließt die Irrtumswahrscheinlichkeit α. Da beide Flächen gleich groß sind, gilt für beide Flächen jeweils die gleiche Irrtumswahrscheinlichkeit $\alpha/2$. Die Sicherheitswahrscheinlichkeit für den verbleibenden Bereich innerhalb des Integrals (U, O) beträgt daher $(1-\alpha)$.

Wie aber ist die Aussage, das Intervall (U, O) überdecke den wahren Parameter mit einer Wahrscheinlichkeit von z. B. 95 %, also $\alpha = 0,05$ zu interpretieren? A priori bedeutet das, daß von vielen derart konstruierten Intervallen im Durchschnitt 95 % dieser Intervalle den wahren Parameter $\overline{x}$ enthalten und nur 5 % der Intervalle nicht. A posteriori, also nach der Ziehung einer konkreten Stichprobe, wird das Konfidenzintervall den Parameter $\overline{x}$ entweder enthalten oder nicht. Wenn wir also ein Konfidenzintervall gebildet haben, so lautet die richtige Interpretation lediglich: $\overline{x}$ liegt in diesem Intervall oder nicht. Streng genommen sind Wahrscheinlichkeitsaussagen jetzt nicht mehr möglich,. Weil nur ein Fall vorliegt, würde der Wahrscheinlichkeitsbegriff überstrapaziert. Wir können nur annehmen, daß wir eine der „guten" (95 %) Stichproben „erwischt" haben. A posteriori sind daher Wahrscheinlichkeitsaussagen streng logisch unmöglich. Dennoch wird die Aussage etwas grob meistens so interpretiert, daß man die Aussage trifft: $\overline{x}$ liegt mit 95 %iger Wahrscheinlichkeit innerhalb dieses Konfidenzintervalls".

In der Praxis wird üblicherweise mit Irrtumswahrscheinlichkeiten zwischen 5 % und 1 % gearbeitet. Bei einer Irrtumswahrscheinlichkeit von 1 % ist ein Sicherheitsniveau von 99 % angestrebt. Für $\alpha = 0,01$ nehmen wir den Wert $z_{\alpha/2} = z_{0,005}$. Wir können nicht $z_\alpha = z_{0,01}$ nehmen, weil der Irrtum ja auf beiden Seiten von $\overline{X}$ jeweils mit der Wahrscheinlichkeit von 0,5 % möglich ist, also $z_{0,005}$. Für $\alpha = 0,05$ ergibt sich analog $z_{0,025}$.

Wir betrachten also für unser $\alpha = 0,01$ das symmetrisch um den Nullpunkt liegende Intervall $[z_{\alpha/2},\ z_{1-\alpha/2}]$, über dem die Dichtefunktion der Standardnormalverteilung (vgl. dazu auch nochmals Abbildung 18) die Fläche 0,99 besitzt. „Links davon" liegt noch 0,005 an der Fläche ebenso wie „rechts davon". Liegt unsere standardisierte Zufallsvariable in diesem Intervall , so gilt:

$$z_{\alpha/2} \le \frac{(\overline{X}-\overline{x})\sqrt{n}}{s^*} \le z_{1-\alpha/2}$$

Die Irrtumswahrscheinlichkeit α muß > 0 sein, weil Sicherheit niemals möglich ist, und α muß $< \frac{1}{2}$ sein, weil eine Irrtumswahrscheinlichkeit von $\frac{1}{2}$ und mehr keinen Nutzen ergibt. Wegen $z_{\alpha/2} = -z_{1-\alpha/2}$ kann geschrieben werden

$$-z_{1-\alpha/2} \le \frac{(\overline{X}-\overline{x})}{\dfrac{s^*}{\sqrt{n}}} \le z_{1-\alpha/2}, \text{ also}$$

$$\overline{X} - z_{1-\alpha/2}\frac{s^*}{\sqrt{n}} \le \overline{x} \le \overline{X} + z_{1-\alpha/2}\frac{s^*}{\sqrt{n}}$$

Daraus läßt sich das gesuchte Vertrauensintervall ableiten. Es lautet:

$$\left[\overline{X} - z_{1-\alpha/2}\frac{s^*}{n}\,;\; \overline{X} + z_{1-\alpha/2}\frac{s^*}{n}\right] \text{ bzw.}$$

$$\left[\overline{X} \pm z_{1-\alpha/2}\frac{s^*}{\sqrt{n}}\right]$$

Damit ist das gesuchte Vertrauensintervall gebildet.

Die tatsächlichen Berechnungen sind sehr einfach. Die Werte für $z_{1-\alpha/2}$ lassen sich aus den betreffenden Tabellen zur Standardnormalverteilung ablesen. Die wichtigsten Werte lauten wie folgt:

$z_{1-\alpha/2} = z_{0,995} = 2,575;$ das gilt für eine Sicherheitswahrscheinlichkeit von $(1-\alpha) = 99\%$

$z_{1-\alpha/2} = z_{0,9712} = 2,0$ das gilt für eine Sicherheitswahrscheinlichkeit von $(1-\alpha) = 95,44\%$

$z_{1-\alpha/2} = z_{0,975} = 1,96;$ das gilt für eine Sicherheitswahrscheinlichkeit $(1-\alpha) = 95\%$

Daraus lassen sich folgende Vertrauensintervalle ableiten:

$$\left[\overline{X} \pm 2{,}575 \,\frac{S^*}{\sqrt{n}}\right] \text{ für 99\% Sicherheit}$$

$$\left[\overline{X} \pm 2 \,\frac{S^*}{\sqrt{n}}\right] \quad \text{ für 95,44\% Sicherheit}$$

$$\left[\overline{X} \pm 1{,}96 \,\frac{S^*}{\sqrt{n}}\right] \quad \text{ für 95\% Sicherheit}$$

Wir erkennen, daß das Vertrauensintervall um so größer wird, je größer die Sicherheit sein soll, die wir verlangen. Mit anderen Worten, je geringer die zugelassene Irrtumswahrscheinlichkeit sein soll, desto ungenauer wird die Aussage. Je genauer die Aussage sein soll, d. h. je kleiner das Vertrauensintervall wird, desto größer wird die Irrtumswahrscheinlichkeit. Wir wollen das in einem Alltagsbeispiel unmathematisch illustrieren:

Wir können sagen: a) mit großer Wahrscheinlichkeit werden wir morgen zwischen 5° und 25° Außentemperatur vorfinden, b) mit mittlerer Wahrscheinlichkeit werden wir morgen zwischen 10° und 20° Außentemperatur vorfinden, c) mit sehr geringer Wahrscheinlichkeit werden wir genau zwischen 14° und 15° Außentemperatur vorfinden.

Jetzt folgt ein präzises Beispiel:

Wir nehmen eine Stichprobe an mit dem Umfang n = 100, es werde ein beliebiges Merkmal erhoben mit einem Mittelwert $\overline{X}$ = 5,4. Und einer korrigierten Varianz von S^{*2} = 4 bzw. einer korrigierten Standardabweichung S^* = 2. Dann sind folgende Sicherheitsintervalle möglich:

$$z_{0,005}: \left[5{,}4 \pm 2{,}575 \,\frac{2}{10}\right] = \left[5{,}4 \pm 0{,}515\right] = \left[4{,}895; \, 5{,}915\right]$$

$$z_{0,0228}: \left[5{,}4 \pm 2 \,\frac{2}{10}\right] = \left[5{,}4 \pm 0{,}4\right] = \left[5{,}0; \, 5{,}8\right]$$

$$z_{0,025}: \left[5{,}4 \pm 1{,}96 \,\frac{2}{10}\right] = \left[5{,}4 \pm 0{,}392\right] = \left[5{,}008; \, 5{,}792\right]$$

Damit sind relativ präzise Aussagen über den Bereich möglich, in dem wir erwarten können, daß dort der wahre Wert der Grundgesamtheit zu finden ist. In diesem Komplex stecken aber noch zwei Probleme:

a)   Die Grundgesamtheit, aus der die Stichprobe gezogen wurde, mag einen Adressenpool eines großen Marktforschungsinstitutes sein, aus der sich die Stichprobe ergab. Dann ist nicht auszuschließen, daß diese Grundgesamtheit alleine aufgrund der Zugehörigkeit zu einem Adressenpool in ihrem Verhalten mehr oder weniger stark von der sonstigen Bevölkerung abweicht Das ist wohl ein generelles Problem in der Marktforschung. Es stellt sich immer die Frage, in wie weit die gefundenen Stichproben tatsächlich mit denen der Grundgesamtheit übereinstimmen.

b)   Die oben genannten Aussagen sind, absolut gesehen, nicht besonders informativ. Werden beispielsweise Kaufwahrscheinlichkeiten abgefragt, so ist noch lange nicht gesagt, wie hoch diese wirklich sind. Wie wirken sich unterschiedliche Skalen auf die Ergebnisse aus? Führt die Verwendung von 5er-Skalen zu einem Trend in die Mitte (Felder 2, 3 und 4), weisen 9er- oder 11er-Skalen dagegen einen Trend zu Werten leicht links von der Mitte auf? Viele Meßwerte sind nur im Vergleich zu anderen Werten interessant, die unter gleichen Bedingungen erhoben worden sind.

Bei dem hier gewählten Beispiel haben wir unterstellt: X gehorcht einer beliebigen Verteilung mit $E(X)=x$ und der Varianz $(X)=s^2$. Die einzelnen Ziehungen sind voneinander unabhängig, wir betrachten es als „Ziehen mit Zurücklegen". Ferner haben wir unterstellt $n/N \leq 0{,}05$. Wir haben außerdem unterstellt, daß s^2 unbekannt ist und durch $S*^2$ geschätzt wird unter der Bedingung $n \geq 30$. Im folgenden wollen wir Abweichungen von diesen Voraussetzungen in ihren Konsequenzen darstellen (vgl. Guckelsberger & Unger, 1998, S. 94 ff).

1.   X ist normalverteilt mit Erwartungswert $\bar{x}$ und der Varianz s^2. Es liegt eine unabhängige Stichprobe vor.

Das Konfidenzintervall für die Mittelschätzwertschätzung lautet, wenn s^2 bekannt ist:

$$\left[\overline{X} - z_{1-\alpha/2} \cdot \frac{s}{\sqrt{n}} \,;\, \overline{X} + z_{1-\alpha/2} \cdot \frac{s}{\sqrt{n}}\right]$$

und für die Mittelwertschätzung, wenn s^2 unbekannt ist, also nur durch S^2 geschätzt werden kann:

$$\left[\overline{X} - t_{v,1-\alpha/2} \cdot \frac{S}{\sqrt{n}} \,;\, \overline{X} + t_{v,1-\alpha/2} \cdot \frac{S}{\sqrt{n}}\right]$$

Hier unterstellen wir zunächst eine t-Verteilung mit v Freiheitsgraden, auf die wir aber ab einer bestimmten Stichprobengröße verzichten können, weshalb wir hier nicht weiter darauf eingehen.

2. X unterliegt einer beliebigen Verteilung mit $E(X) = x$ und $Var(X) = s^2$; es erfolgt eine unabhängige Zufallsstichprobe, also Ziehen mit Zurücklegen.

Das Konfidenzintervall für die Mittelwertschätzung lautet, wenn s bekannt ist und $n \geq 30$ (manche Autoren verlangen $n \geq 40$):

$$\left[\overline{X} - z_{1-\alpha/2} \cdot \frac{s}{\sqrt{n}} \,;\, \overline{X} + z_{1-\alpha/2} \cdot \frac{s}{\sqrt{n}}\right]$$

Wenn s unbekannt ist, lautet das Konfidenzintervall für die Mittelwertschätzung (wiederum $n \geq 30$ bzw. $n \geq 40$):

$$\left[\overline{X} - z_{1-\alpha/2} \cdot \frac{S}{\sqrt{n}} \,;\, \overline{X} + z_{1-\alpha/2} \cdot \frac{S}{\sqrt{n}}\right]$$

3. X unterliegt einer beliebigen Verteilung mit $E(X) = x$ und $Var(X) = s^2$. Es liegt eine abhängige Stichprobe vor (also Ziehen ohne Zurücklegen).

Das Konfidenzintervall für die Mittelwertschätzung lautet, wenn s bekannt ist und $n \geq 30$ bzw. $n \geq 40$:

$$\left[\overline{X} - z_{1-\alpha/2} \cdot \frac{s}{\sqrt{n}} \cdot \sqrt{1 - \frac{n}{N}} \,;\, \overline{X} + z_{1-\alpha/2} \cdot \frac{s}{\sqrt{n}} \cdot \sqrt{1 - \frac{n}{N}}\right]$$

Wenn bei gleicher Fragestellung s unbekannt ist, lautet das Konfidenzintervall:

$$\left[\overline{X} - z_{1-\alpha/2} \cdot \frac{S}{\sqrt{n}} \cdot \sqrt{1 - \frac{n}{N}} \; ; \; \overline{X} + z_{1-\alpha/2} \cdot \frac{S}{\sqrt{n}} \cdot \sqrt{1 - \frac{n}{N}} \right]$$

4.   X sei ein dichotom verteiltes Merkmal (es geht also um das Schätzen von Anteilswerten). Es liegt eine unabhängige Stichprobe vor.

Das Konfidenzintervall für den Anteilswert lautet jetzt:

$$\left[P - z_{1-\alpha/2} \cdot \sqrt{\frac{P(1-P)}{n}} \; ; \; P + z_{1-\alpha/2} \cdot \sqrt{\frac{P(1-P)}{n}} \right]$$

5. X sei ein dichotom verteiltes Merkmal, es liegt eine abhängige Zufallsstichprobe vor (Ziehen ohne Zurücklegen).

Das Konfidenzintervall für den Anteilswert lautet jetzt:

$$\left[P - z_{1-\alpha/2} \cdot \sqrt{\frac{P(1-P)}{n}} \cdot \sqrt{1 - \frac{n}{N}} \; ; \; P + z_{1-\alpha/2} \cdot \sqrt{\frac{P(1-P)}{n}} \cdot \sqrt{1 - \frac{n}{N}} \right]$$

Beispiel: Gegeben sei ein Unternehmen, das irgendein beliebiges Produkt herstellt. Die Tagesproduktion belaufe sich auf rund 10.000 Stück. Gefragt ist das Durchschnittsgewicht pro Stück. Gezogen wird eine Stichprobe vom Umfang n = 100. Das ermittelte Durchschnittsgewicht beläuft sich auf $\overline{X}$ = 2,4 kg. Dieser Wert kann nun als Schätzwert für den unbekannten Mittelwert $\overline{x}$ herangezogen werden. Vielleicht ist auch das Streumaß von Interesse, um zu beurteilen, wie gleichmäßig die Produktion abläuft. Man kann aus den Werten der Stichprobe deren Standardabweichung bzw. Varianz ermitteln und diesen Wert als Schätzwert für die unbekannte Standardabweichung der Grundgesamtheit heranziehen. Nehmen wir an, wir erhalten als Standardabweichung den Wert 0,15 kg.

Der Stichprobenumfang ist groß genug, so daß näherungsweise eine Normalverteilung mit den Werten $\bar{x} = 2,4$ und $s = 0,15$ angenommen werden kann. Es liegt also der Fall einer beliebigen Verteilung mit $E(X) = x$ und $V(X) = s^2$ vor. Da der Stichprobenanteil sehr klein ist (1 %), kann Unabhängigkeit der Stichprobe angenommen werden. Das Konfidenzintervall ergibt sich also wie folgt:

$$\bar{x} \pm z_{1-\alpha/2} \frac{S}{\sqrt{n}}$$

Nehmen wir an, es wird $\alpha = 0,05$ gewählt, so erhalten wir für $z_{1-\alpha/2} = 1,96$. Es ergibt sich folgendes Konfidenzintervall:

$$2,4 \pm 1,96 \cdot \frac{0,15}{10}$$

Beispiel: Ein Futtermittelhändler will mittels Stichprobeninventur den durchschnittlichen Wert des Lagerbestandes schätzen. Die Grundgesamtheit in einer Verkaufsstelle betrage $N = 20.000$. Es wird eine Stichprobe vom Umfang $n = 2.000$ gezogen. X_i ist der Wert des jeweils i-ten Lagerstücks $(i = 1,\ldots, 2.000)$. $\bar{X}$ ist die Zufallsvariable, die den Stichprobenmittelwert angibt. W sei die Zufallsvariable für den gesamten Lagerwert. Es gilt:

$$W = N \cdot \bar{X}.$$

S^2 ist der Schätzwert für die Varianz der Einzelwerte im Lager.

Es wurden folgende 2.000 Werte erhoben: 70mal 6, 160mal 7, 950mal 8 und 820mal 9. Der Gesamtwert der 2.000 Stück der Stichprobeninventur ist somit

$$\sum_{i=1}^{2.000} x_i = 16.520$$

und als Mittelwert der Stichprobe erhalten wir

$$\bar{x} = \frac{1}{2.000} \sum_{i=1}^{2.000} x_i = \frac{16.520}{2.000} = 8,260$$

Dies ist auch die Mittelwertschätzung für das gesamte Lager. Für die Gesamt-
wertschätzung ergibt sich also

$$W = N \cdot \overline{x} = 20.000 \cdot 8{,}26 = 165.200$$

Bestimmung des Konfidenzintervalls

Es liegt der Fall einer beliebigen Verteilung mit $E(X)=x$ und $Var(X) = s^2$ bei abhängiger Zufallsstichprobe (Ziehen ohne Zurücklegen) vor. Ferner ist die Varianz bzw. Standardabweichung unbekannt und muß aus den Werten der Stichprobe geschätzt werden.

Daraus ergibt sich folgendes Konfidenzintervall:

$$\left[\overline{X} - z_{1-\alpha/2} \cdot \frac{S}{\sqrt{n}} \cdot \sqrt{1 - \frac{n}{N}}; \overline{X} + z_{1-\alpha/2} \cdot \frac{S}{\sqrt{n}} \cdot \sqrt{1 - \frac{n}{N}}\right]$$

Für $1 - \alpha = 0{,}95$ erhält man $z_{0,975} = 1{,}96$. Als Schätzung für die unbekannte Varianz der einzelnen Inventurwerte der Grundgesamtheit erhält man:

$$S^2 = \frac{1}{n-1} \sum_{i=1}^{n} \left(X_i - \overline{X}\right)^2$$

$$= \frac{1}{n-1}\left[70 \cdot (6-8{,}26)^2 + 160 \cdot (7-8{,}26)^2 + 950 \cdot (8-8{,}26)^2 + 820 \cdot (9-8{,}26)^2\right.$$

$$= \frac{1}{1999} \cdot 1124{,}80 = 0{,}5627$$

und somit:

$$s = \sqrt{0{,}5627} = 0{,}7501$$

Um ein Vertrauensintervall für den Gesamtwert des Lagers zu bilden, müssen wir die Intervallgrenzen mit N multiplizieren. Es ergibt sich folgendes Vertrauensintervall:

$$\left[W - N \cdot z_{1-\frac{\alpha}{2}} \cdot \frac{S}{\sqrt{n}} \cdot \sqrt{1 - \frac{n}{N}} \; ; \; W + N \cdot z_{1-\frac{\alpha}{2}} \frac{S}{\sqrt{n}} \cdot \sqrt{1 - \frac{n}{N}} \right]$$

$$= \left[165.200 - 20.000 \cdot 1{,}96 \cdot \frac{S}{\sqrt{2.000}} \cdot \sqrt{1 - \frac{2.000}{20.000}} \; ; \right.$$

$$\left. 165.200 + 2.000 \cdot 1{,}96 \cdot \frac{S}{\sqrt{2.000}} \cdot \sqrt{1 - \frac{2.000}{20.000}} \right]$$

$$= \left[164.576{,}25 ; \; 165.823{,}75 \right]$$

Mit 95 %iger Sicherheit können wir also feststellen, daß der Gesamtwert des Lagers zwischen 164,576 DM und 165.824 DM liegt.

Man bestimme zur vorstehenden Stichprobe ein Konfidenzintervall zur Irrtumswahrscheinlichkeit $\alpha = 0{,}01$. Dazu ersetzen wir 1,96 durch 2,575.

Beispiel zur Schätzung von Anteilswerten (Landtagswahl)

Immer wieder werden wir an Wahlabenden um Punkt 18.00 Uhr mit einer Prognose über den Wahlausgang konfrontiert. Bei der Landtagswahl 1996 in Baden Württemberg wurden dazu n = 2.000 Personen befragt. Es ergaben sich folgende Werte:

Partei	Anteil in %
CDU	41,0
SPD	26,0
B90/Grüne	12,5
FDP	9,5
Republikaner	8,5
Sonstige	2,5
Summe	100

Gefragt sind die Konfidenzintervalle für die Stimmenanteile der Parteien. Es geht also darum festzustellen, wie genau die Prognose um 18.00 Uhr war. Wir wollen als Konfidenzniveau 95 % wählen. Wir können von einer unabhängigen Stichprobe ausgehen, obwohl eigentlich „ohne Zurücklegen" erhoben wird, denn der Auswahlsatz ist so gering, daß die daraus entstehenden Schätzfehler vernachlässigt werden können. Das Konfidenzintervall ergibt sich daraus wie folgt:

$$\left[P \pm Z_{1-\alpha/2} \sqrt{\frac{P(1-P)}{n}} \right]$$

Für die CDU ergibt sich:

$$\left[0,41 \pm 1,96 \sqrt{\frac{0,41 \cdot 0,59}{2.000}} \right] = \left[0,41 \pm 0,0216 \right] \text{also} : \left[0,388; 0,432 \right]$$

Mit recht hoher Wahrscheinlichkeit ist aufgrund der Prognose für die CDU also ein Stimmenanteil zwischen 38,8% und 43,2 % zu erwarten.

Für alle Parteien erhält man durch Einsetzen folgende Werte (s. die Tabelle auf der nächsten Seite):

Es wird deutlich, daß die Größe der Intervalle in Prozentpunkten abnimmt, je kleiner der Anteil der Parteien ist. Das liegt daran, daß der Term P(1-P) bei P = 0,5 maximal ist. Je mehr P von 0,5 abweicht, um so kleiner wird der Wert P(1-P). Das führt dazu, daß die Stimmenanteile von Parteien um 50 % weniger genau geschätzt werden können als die Stimmenanteile von Parteien um 5 bis 10 %. Setzt man den Schwankungsbereich der Parteien allerdings in Relation zu ihrem geschätzten Anteilswert, dann fällt auf, daß die relative Schwankung bei Parteien in der Nähe von 50 % wesentlich kleiner ist als bei Parteien, die zwischen 5 und 10 % liegen. Das Vertrauensintervall bei der CDU beträgt 4,3 % Prozentpunkte, bezogen auf den geschätzten Anteilswert von 41 % macht das 10,5 % aus. Bei den Republikanern beträgt der Schwankungsbereich 2,4 Prozentpunkte, ist also kleiner als bei der CDU, bezogen auf den tatsächlich geschätzten Stimmenanteil der Republikaner macht das aber 28,8 % aus. Relativ gesehen wird also die aus der Stichprobe erstellte Prognose um so ungenauer, je kleiner der zu erwartende Stimmenanteil der jeweiligen Partei ist. Absolut gesehen lassen sich die kleinen Parteien genauer schätzen. Ist also eine Partei knapp

Partei	Anteil in %	Konfidenzintervall	Schwankungsbreite absolut in %-Punkten	relativ
CDU	41,0	$\left(0,410 +/- 1,96\sqrt{0,410 \cdot 0,590 / 2000}\right) = \left(0,410 +/- 0,0216\right)$ also : 38,8% bis 43,2%	4,3	0,105
SPD	26,0	$\left(0,260 +/- 1,96\sqrt{0,260 \cdot 0,740 / 2000}\right) = \left(0,260 +/- 0,0192\right)$ also : 24,1% bis 27,9%	3,8	0,148
B90/Grüne	12,5	$\left(0,125 +/- 1,96\sqrt{0,0,125 \cdot 0,875 / 2000}\right) = \left(0,125 +/- 0,0145\right)$ also : 11,1% bis 13,9%	2,9	0,232
FDP	9,5	$\left(0,095 +/- 1,96\sqrt{0,095 \cdot 0,905 / 2000}\right) = \left(0,095 +/- 0,0129\right)$ also : 8,2% bis 10,8%	2,6	0,271
Rep	8,5	$\left(0,085 +/- 1,96\sqrt{0,085 \cdot 0,915 / 2000}\right) = \left(0,085 +/- 0,0122\right)$ also : 7,3% bis 9,7%	2,4	0,288
Sonstige	2,5			
Summe	100,0			

aufgrund der Prognose an der 5 % Hürde gescheitert, so hat sie wenig Hoffnung, am Wahlabend dennoch in den Land- oder Bundestag einzuziehen.

Die tatsächlichen Wahlergebnisse an diesem Sonntag sahen folgendermaßen aus:

Partei	Anteil in %
CDU	41,3
SPD	25,1
B90/Grüne	12,1
FDP	9,6
Republikaner	9,1
Sonstige	2,8
Summe	100

Alle Resultate liegen, wie zu erwarten, im Vertrauensbereich.

Dieses Beispiel entstammt den Daten der Analyse zur Landtagswahl der Forschungsgruppe Wahlen (1996).

Beispiel zur Schätzung von Anteilswerten in der Mediaplanung:

In der Werbung möchte man die Anzeigenschaltungen möglichst effizient auf verschiedene Werbeträger wie Zeitschriften verteilen. Dazu muß man wissen, wie viele Personen der Zielgruppe zu den Nutzern eines möglichen Werbeträgers zählen. Die Grundgesamtheit besteht aus allen Personen über 14 Jahre, das sind in Deutschland über 50 Mio. Personen. Befragt werden etwa 18.000 Personen unter anderem darüber, ob sie bestimmte Zeitschriften lesen. Wir erhalten folgende Antworten:

Zeitschrift	Personen
A	975
B	1022
C	1150
D	1350

Wir möchten wiederum auf der Basis von 95 % wissen, wie hoch der Anteil unserer Zielgruppe innerhalb der Leserschaft einer Zeitschrift ist.

Unter der Annahme, 18.000 Menschen befragt zu haben und dabei 975 Personen gefunden zu haben, welche die Zeitschrift A nutzen, ergibt sich ein Anteilswert von 5,42 %.

Das Konfidenzintervall für den Anteilswert der Personen der Zielgruppe an der Gesamtleserschaft einer Zeitschrift läßt sich wie folgt ermitteln:

$$\left(P - z_{1-\alpha/2}\sqrt{\frac{P(1-P)}{n}} \,;\, P + z_{1-\alpha/2}\sqrt{\frac{P(1-P)}{n}} \right)$$

Dieses Konfidenzintervall entspricht der Annahme eines dichotomverteilten Merkmals bei unabhängiger Zufallsstichprobe, also „Ziehen mit Zurücklegen". Dies ist in unserem Falle zulässig, weil bezogen auf die Grundgesamtheit eine sehr kleine Stichprobe gezogen wird (18.000/50 Mio.). Für die Zeitschrift A erhält man dann:

$$\left[0{,}0542 - 1{,}96\sqrt{\frac{0{,}0542 \cdot 0{,}9458}{18.000}} \,;\, 0{,}0542 + 1{,}96\sqrt{\frac{0{,}0542 \cdot 0{,}9458}{18.000}} \right]$$
$$= \left[0{,}0509;\ 0{,}0575 \right]$$

Dieses Konfidenzintervall bezieht sich auf alle 50 Mio. Personen. Man kann also sagen, daß mit einer Wahrscheinlichkeit von 95 % etwa 2,55 bis 2,88 Mio. Personen erreicht werden.

Leser und Leserinnen mögen nun die Intervalle für die anderen Zeitschriften selber berechnen. Für die Werbepraxis möge beachtet werden, daß sich die so gefundenen Nutzerschaften nicht einfach addieren lassen, um die Gesamtzahl der erreichten Personen zu ermitteln, da einzelne Personen durchaus mehrere Zeitschriften gleichzeitig nutzen können. In der praktischen Mediaplanung errechnet man dann auch die Überschneidungen, um so die Nettoreichweite zu ermitteln. Unter Nettoreichweite versteht man die Anzahl aller erreichten Personen abzüglich der Doppelansprachen (Näheres vgl. Unger, Durante et al. 1999).

5.8 In einer bestimmten Bevölkerungsgruppe wird die Zeit erfaßt, in der eine einzelne Person das Fernsehgerät eingeschaltet hatte, während eine bestimmte Werbesendung mit dem Titel „A" und eine Sendezeit von 15 Minuten lief. Um die Berechnungen übersichtlich zu halten, gehen wir von $n = 144$ aus. Es finden sich folgende Werte:

Minuten Nutzungszeit	Anzahl der Personen
0	10
1	4
2	3
3	7
4	10
5	10
6	12
7	14
8	15
9	10
10	9
11	4
12	3
13	2
14	10
15	21

Berechnen Sie das Vertrauensintervall zum Sicherheitsgrad von 95 %.

5.9 In einer ähnlichen Studie wurde der Anteil der weiblichen Nutzer erhoben. Es fanden sich 53 %. Berechnen Sie das Vertrauensintervall zum Sicherheitsniveau von 95 %.

5.10   Ein Orangensaft-Hersteller garantiert, daß sein Produkt durchschnittlich
       45,0 mg Vitamin C pro 100 ml enthält. Bei einer Kontrolluntersuchung
       werden einhundert Flaschen à 0,75 l zufällig aus der Produktion
       herausgegriffen. Eine Analyse ergibt, daß insgesamt 33.500 g Vitamin C
       in den hundert Flaschen enthalten war. Man weiß, daß der Vitamingehalt
       pro 100 ml normalverteilt ist mit S = 2,5 mg pro 100 ml. Man bestimme
       das Vertrauensintervall zur Irrtumswahrscheinlichkeit 0,05 und überprüfe
       die Angabe des Herstellers.

5.11   An einem Stromnetz mit der Nennspannung 230 Volt wird über einen Tag
       hinweg jede Minute die gerade anliegende Spannung gemessen. Es ist
       nicht bekannt, welche Art von Verteilungsfunktion die Schwankungen
       unterliegen – auch die Streuung ist nicht bekannt. Man bestimme aus den
       hier bereits in einer Häufigkeitstabelle aufgeführten Meßwerten ein
       Vertrauensintervall zur Vertrauenswahrscheinlichkeit 99 %.

6. Hypothesentests

6.1 Grundlagen

Ausgangspunkt jeder Forschung sind Hypothesen. Unvoreingenommene Forschung ist nicht möglich. Die Qualität der Forschung wird auch durch die Qualität und insbesondere Präzision der vorab formulierten Hypothesen bestimmt. Es gibt zwei Hypothesenarten jeweils in zwei Ausprägungen. Die Hypothesenarten sind: **Unterschiedshypothese** und **Zusammenhangshypothese**.

Bei **Unterschiedshypothesen** wird geprüft, ob sich die Ausprägungen desselben Merkmals bei Objekten verschiedener Gruppen voneinander unterscheiden oder nicht, z. B. ob sich die Münchener (Objekte der Gruppe 1) von den Düsseldorfern (Objekte der Gruppe 2) in der Menge ihres Bierkonsums (Merkmalsausprägung) voneinander unterscheiden. Die Prüfung dieser Hypothesen erfolgt unter Anwendung der in Abschnitt 5.3 behandelten Konfidenzintervalle.

Zusammenhangshypothesen prüfen, ob zwischen dem Auftreten von Ereignissen zweier Klassen ein Zusammenhang besteht oder nicht. So mag die Häufigkeit des Auftretens von Störchen in definierten Regionen ähnlich oder fast identisch über die Region verteilt sein wie die Geburtenrate. In Regionen mit hohem Storchenaufkommen finden wir auch hohe Geburtenraten und vice versa. Zur Überprüfung derartiger Zusammenhänge werden Korrelationsanalysen eingesetzt (vgl. 3.). Die Überprüfung dieser Zusammenhänge liefert aber keine Aussage über mögliche Ursachen. Häufig verursachen nicht in die Untersuchung einbezogene Drittfaktoren den beobachteten Auftretenszusammenhang der beiden Faktoren. So wird der Zusammenhang von Geburtenraten und Storchenaufkommen durch Stadt-Land-Unterschiede verursacht. In ländlichen Regionen finden wir vielleicht hohe Geburtenraten und unabhängig davon ein hohes Storchenaufkommen. Gleichzeitig mag man eine hohe Korrelation zwischen dem Aufkommen von Fröschen, Störchen und der Geburtenrate feststellen. In einem Fall finden wir dabei sogar einen ursächlichen Zusammenhang. Die hohe Korrelation des Aufkommens von Fröschen und Störchen beruht auf der Tatsache, daß sich die Störche von Fröschen ernähren.

Eine dritte Hypothesenart stellen **Kausalhypothesen** dar. Diese lassen Aussagen über die Ursachen des Auftretens verschiedener Ereignisse zu. Sie erfordern jedoch die Durchführung von Experimenten. Auf die Anforderungen experimenteller Forschung wollen wir nicht weiter eingehen (vgl. dazu Bortz und Döring, 1995).

Die beiden hier zu behandelnden Hypothesenarten (Unterschieds- und Zusammenhangshypothesen) weisen jeweils zwei Ausprägungen auf, nämlich ausgerichtete und ungerichtete Hypothesen (Bortz, 1993, S. 104). Bei einer gerichteten Hypothese sind bereits Aussagen über die Richtung eines Unterschiedes (z. B. a > b) oder über die Richtung eines Zusammenhanges (a und b korrelieren positiv miteinander) enthalten. Bei ungerichteten Hypothesen wird lediglich ein Unterschied (a > b oder b > a) formuliert oder ein Zusammenhang unabhängig von der Richtung (a und b korrelieren negativ oder positiv miteinander).

Wir müssen immer zwischen der zu überprüfenden Hypothese und der Gegenhypothese unterscheiden. Die zu prüfende Hypothese wird als Alternativhypothese H_1 bezeichnet. Die Gegenhypothese ist die Nullhypothese H_0. „Sie ist eine Negativhypothese, mit der behauptet wird, daß diejenige Aussage, die zu der Aussage einer Alternativhypothese komplementär ist, richtig ist" (Bortz, 1993, S. 106). Trifft die Nullhypothese zu, so ist die Alternativhypothese „null und nichtig, sie ist falsifiziert". Trifft die Alternativhypothese zu, so ist sie vorläufig bestätigt, sie kann beibehalten werden, sie gilt als nicht falsifiziert.

	Unterschieds- hypothese	**Zusammenhangs- hypothese**
ungerichtet	H_1 (a > b) **oder** (a < b)	H_1 a und b korrelieren (positiv oder negativ) miteinander
	H_0 a = b	H_0 a und b korrelieren nicht miteinander
gerichtet	H_1 a > b	H_1 a und b korrelieren positiv miteinander
	H_0 a ≤ b	H_0 a und b korrelieren nicht oder negativ miteinander

Abbildung 23: Arten von Hypothesen

Nach jedem Test einer Hypothese sind zwei Fehlerarten möglich: entweder wir akzeptieren eine Hypothese zu unrecht (α-Fehler) oder aber wir verwerfen eine Hypothese zu unrecht (β-Fehler). Bei einem α-Fehler sprechen die Testresultate für H_1, obwohl in Wirklichkeit H_0 gilt. Bei einem β-Fehler verwerfen wir aufgrund der Testresultate H_1 und entscheiden uns für H_0, obwohl in Wirklichkeit H_1 gilt. Selbstverständlich können wir uns nach den Testresultaten auch richtig entschieden haben. Die Testresultate sprechen für H_1 oder H_0 und das entspricht auch der Realität. Das Signifikanzniveau gibt an, wie hoch die Wahrscheinlichkeit dafür ist.

Entscheidung aufgrund der Stichprobe	In der Realität gilt:	
	H_0	H_1
zugunsten H_0; H_1 wird verworfen	kein Fehler; richtige Entscheidung	Fehler zweiter Art (β-Fehler)
zugunsten H_1; H_0 wird verworfen	Fehler erster Art (α-Fehler)	kein Fehler; richtige Entscheidung

Abbildung 24: Fehler erster und zweiter Art bzw. kein Fehler bei statistisch begründeten Entscheidungen (vgl. Bortz, 1993, S. 107; Green/Tull, 1982, S. 212)

6.2 Unterschiedshypothesen

Wir finden nach Produkttests auf einer Skala folgende Resultate: In einer Versuchsgruppe A wird Produkt a von $n_a = 100$ Personen getestet; in Gruppe B wird Produkt b von $n_b = 100$ Personen getestet. Die Auswertung der von den Versuchspersonen vergebenen Werte ergibt folgende Resultate:

$$\overline{X}_a = 3,8 \quad S_a^* = 2$$
$$\overline{X}_b = 4,8 \quad S_b^* = 2,5$$

Die gerichtete Unterschiedshypothese lautet: $\overline{X}_a < \overline{X}_b$. Diese Hypothese soll mit $(1-\alpha) = 0,95$, $\alpha = 0,05$ getestet werden. Das bedeutet, daß für den Fall, daß der Test sehr oft durchgeführt wird, in 5 % aller Fälle ein Testresultat möglich ist, das H_1: $\overline{X}_a < \overline{X}_b$ bestätigt, obwohl eigentlich H_0 gilt. In 95 % der Fälle können wir annehmen, daß H_1 in Testresultaten auch eintrifft für den Fall, daß H_1 tatsächlich gilt.

Das Prüfkriterium läßt sich graphisch wie folgt darstellen:

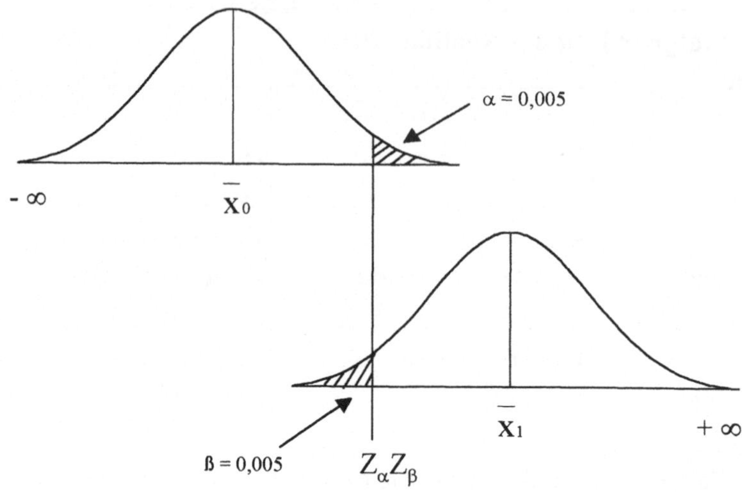

Abbildung 25: Einseitiger Hypothesentest

Daraus ist ersichtlich, daß folgende Forderung erfüllt sein muß, um H_1 anzunehmen: es muß sich ein $\overline{X}_a$ finden, um das herum ein Konfidenzintervall gefunden werden kann, welches das Intervall, das sich um den gefundenen Wert X_b finden läßt, nicht überlagert; und das zum Sicherheitsniveau $(1-\alpha)$.

Um die erforderlichen Konfidenzintervalle berechnen zu können, muß vorab die Irrtumswahrscheinlichkeit festgelegt werden, also die z-Werte. Jetzt ist folgendes zu beachten: in 5.3 waren Konfidenzintervalle gesucht, welche in beide Richtungen mit U und O zu begrenzen waren. Jetzt ist das anders.

H_1 sei $\overline{X}_a < \overline{X}_b$.

Wenn sich im Test herausstellt, daß $\overline{X}_a \geq \overline{X}_b$ ist, ist H_1 gescheitert. Wenn im Test $\overline{X}_a < \overline{X}_b$ auftritt, ist zu prüfen, ob dieser Unterschied noch zufällig sein kann (es heißt nicht signifikant) oder so deutlich ist, daß er als nicht zufällig (also als signifikant) einzustufen ist. Sollte in der Realität das Stichprobenergebnis $\overline{x}_a$ noch kleiner als $\overline{X}_a$ sein, so stört das unsere Hypothese nicht, ebenso nicht, wenn das Stichprobenergebnis $\overline{x}_b$ noch größer ist als das Testresultat $\overline{X}_b$. Einen Fehler be

136

gehen wir nur, wenn $\overline{x}_a$ doch größer ist als $\overline{X}_a$ oder, wenn $\overline{x}_b$ doch kleiner ist als $\overline{X}_b$ annehmen läßt. Die beiden Mittelwerte oder Grundgesamtheiten sind sich in dem Fall also näher als es die Stichprobenmittelwerte vermuten lassen. Uns interessiert also nur ein Fehler in einer Richtung. Die Folge davon sind andere z_α-Werte. Wir schreiben z_α und nicht mehr $z_{\alpha/2}$, weil der gesamte Schätzfehler auf jeweils einer Seite vom jeweiligen Stichprobenmittelwert liegt. Das geht aus den schraffierten Bereichen in obiger Abbildung 24 deutlich hervor.

Wir sprechen daher von einem einseitigen Signifikanztest. Es gelten für die beiden wichtigsten z_α-Werte

für 1 % Irrtumswahrscheinlichkeit: $z_{0,99} = 2,33$

für 5 % Irrtumswahrscheinlichkeit: $z_{0,95} = 1,64$

Wir wollen im folgenden $z_\alpha = z_{0,05} = 1,64$ annehmen. Wie aus der Abbildung ersichtlich, liegt der kritische Wert für $\overline{x}_0$ rechts von $\overline{X}_a$ und für $\overline{x}_1$ links von $\overline{X}_b$. Zum Überprüfen des Signifikanzniveaus (auf dem 95 %-Niveau) der gefundenen Mittelwertdifferenzen ergeben sich folgende Berechnungen:

$$\overline{X}_a + z_{1-\alpha} \frac{S_a^*}{\sqrt{n_a}} = \overline{X}_a + z_{0,95} \frac{S_a^*}{\sqrt{n_a}}$$

als Obergrenze des „kleinen" x_a, und und analog

$$\overline{X}_b - z_{0,95} \frac{S_b^*}{\sqrt{n_b}}$$

als Untergrenze des „größeren" x_b.

Es folgt aus den Stichprobenresultaten:

für $\overline{X}_a$: $3,8 + 1,64 \cdot 2/10 = 4,128$

für $\overline{X}_b$: $4,8 - 1,64 \cdot 2,5/10 = 4,390$

Es ist offensichtlich, warum wir bei $\overline{X}_b$ den Term $1,64 \cdot 2,5/10$ von $4,8$ abziehen müssen. Das ergibt sich aus Abbildung 24.

In Intervallschreibweise ergibt sich:

$$\left(-\infty;\ \overline{x}_a + z_{1-a}\frac{S_a^*}{\sqrt{n_a}}\right] \cap \left[\overline{x}_b + z_{1-a}\frac{S_a^*}{\sqrt{n_a}}\right)$$

$$=\left(-\infty;\ 3{,}8 + 1{,}64\,\frac{2}{10}\right] \cap \left[4{,}8 - 1{,}64\,\frac{2{,}5}{10};\ +\infty\right)$$

$$=\left(-\infty;\ 4{,}128\right] \cap \left[4{,}39;\ +\infty\right) = \theta$$

Wir erkennen leicht, daß sich beide Intervalle nicht überlappen. H_1 kann beibehalten werden. Der Unterschied ist auf dem Niveau von 95 % signifikant.

Hätten sich folgende Werte ergeben:

$$\overline{X}_a = 4{,}4;\ S_a^* = 2$$
$$\overline{X}_b = 4{,}8;\ S_b^* = 2{,}5$$

fänden wir folgende Intervalle

$$\left(-\infty;\ 4{,}528\right] \text{und} \left[4{,}39;\ +\infty\right)$$

mit nichtleerem Durchschnitt, und wir müßten H_1 zugunsten von H_0 verwerfen.

Nun laute die Hypothese H_1, daß der Mittelwert einen bestimmten Wert $\overline{x}$ aufweise und einer normalverteilten Grundgesamtheit angehöre. Wir testen die Nullhypothese H_0 ($\overline{x} = \overline{x}_0$) gegen die Alternativhypothese H_1 ($\overline{x} \neq \overline{x}_0$). Wenn H_0 zutrifft, dann sollte $\overline{X}$ (Mittelwert der Stichprobe) in der Nähe von $\overline{x}_0$ liegen.

Wir betrachten dazu

$$\overline{X} = \frac{1}{n}\sum_{i=1}^{n} X_i$$

H_0 trifft also zu, wenn X normalverteilt ist, mit Erwartungswert $\overline{x}_0$ und der Varianz s^2/n.

Auch wenn H_0 zutrifft, wird $\overline{X}$ nicht mit $\overline{x}_0$ identisch sein. Die Abweichung darf aber nicht zu groß sein. Dann kann sie noch als zufällig eingestuft werden. Erst ab einem bestimmten Abweichungsniveau ist dies nicht mehr als zufällig zu werten. Die Abweichung gilt dann als signifikant, und wir verwerfen H_0 zugunsten H_1.

Um zu entscheiden, ob eine Abweichung zwischen $\overline{x}_0$ und $\overline{X}$ signifikant ist oder nicht, muß das Signifikanzniveau festgelegt werden, z. B. $\alpha = 0{,}05$ oder $\alpha = 0{,}01$. Wir wollen im folgenden wieder von $\alpha = 0{,}05$ ausgehen. Bei auf dieser Basis festgelegten Konfidenzintervallen kann angenommen werden, daß bei zutreffendem H_0 95 % aller zufällig genommenen Stichproben einen Mittelwert aufweisen, der innerhalb dieses Vertrauensintervalls liegt. Die Irrtumswahrscheinlichkeit beträgt 5 %, d. h. auch wenn H_0 zutrifft, liegt bei 5 % aller möglichen Stichproben der Mittelwert dennoch außerhalb des Vertrauensintervalls. Wir verwerfen H_0, obwohl sie zutrifft (α-Fehler). Es könnte natürlich auch der Fall eintreten, daß wir trotz nichtzutreffendem H_0 eine Stichprobe finden, die völlig im Annahmebereich liegt. Wir treffen also bei der Akzeptanz von H0 eine Fehlentscheidung (β-Fehler).

Testdurchführung:

Zweiseitiger Mittelwerttest

Wir testen H_0 ($\overline{X} = \overline{x}_0$) gegen $H_1(\overline{X} \neq \overline{x}_0)$.

Wir nehmen ferner an, daß X normalverteilt sei, mit Erwartungswert $\overline{x}$ und Varianz s^2.

Bei bekannter Varianz s^2 gilt für den Annahmebereich von H_0:

$$\left[\overline{x}_0 - z_{1-\alpha/2}\,\frac{s}{\sqrt{n}} \; ; \; \overline{x}_0 + z_{1-\alpha/2}\,\frac{s}{\sqrt{n}} \right]$$

Ein entsprechendes Intervall können wir ebenfalls unter Verwendung der Standardabweichung der Stichprobe S um den gefundenen Mittelwert der Stichprobe $\overline{X}$ legen:

$$\left[\overline{X} - z_{1-\alpha/2}\,\frac{S}{\sqrt{n}}\,;\, \overline{X} + z_{1-\alpha/2}\,\frac{S}{\sqrt{n}} \right]$$

Wir nehmen H_0 an, wenn $\overline{X}_0$ in diesem Intervall liegt. Beide Intervalle (den Annahmebereich von H_0 und das Konfidenzintervall) stellen wir in Abbildung 26 dar:

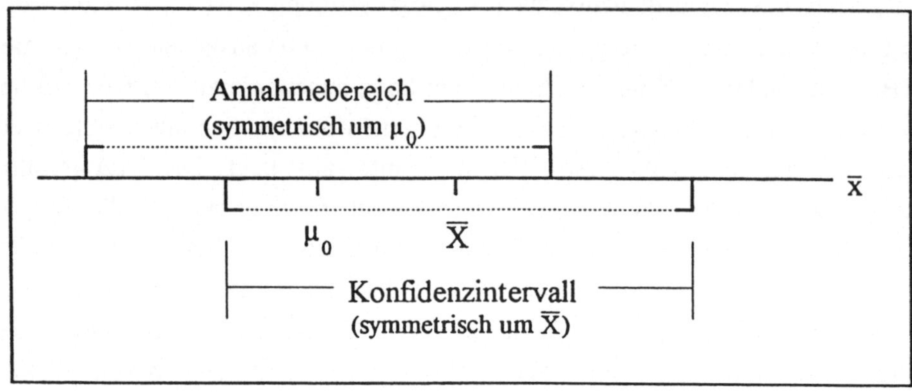

Abbildung 26: Konfidenzintervall und Annahmebereich (vgl. Guckelsberger & Unger, 1998, S. 121

Die Abbildung zeigt, daß x_0 aus dem Konfidenzintervall genau dann herausfällt, wenn $\overline{X}$ nicht im Annahmebereich liegt.

Wir nehmen jetzt an, daß die Varianz s^2 unbekannt ist. Jetzt müßten wir zunächst von einer t-Verteilung mit $v = n-1$ Freiheitsgraden ausgehen. Das Vertrauensintervall lautet dann:

$$\left[\overline{x}_0 - t_{v;1-\alpha/2}\,\frac{S}{\sqrt{n}}\,;\, \overline{x}_0 + t_{v;1-\alpha/2}\,\frac{S}{\sqrt{n}} \right]$$

Wenn $n \geq 30$ ist, können wir jedoch in Annäherung statt der t-Verteilung die Normalverteilung verwenden:

$$\left[\bar{x}_0 - z_{1-\alpha/2} \frac{S}{\sqrt{n}} \; ; \; \bar{x}_0 + z_{1-\alpha/2} \frac{S}{\sqrt{n}} \right]$$

Wir gehen jetzt von abhängigen Stichproben aus, also vom „Ziehen ohne Zurücklegen". Dann gilt:

$$\left[\bar{x}_0 - z_{1-\alpha/2} \frac{s}{\sqrt{n}} \sqrt{1 - \frac{n}{N}} \; ; \; \bar{x}_0 + z_{1-\alpha/2} \frac{s}{\sqrt{n}} \sqrt{1 - \frac{n}{N}} \right]$$

Bei unbekannter Varianz und großem Stichprobenumfang $n \geq 30$ ersetzen wir s durch S. Bei $n/N < 0{,}05$ kann auf denKorrekturfaktor

$$\sqrt{1 - \frac{n}{N}}$$

verzichtet werden.

Wir betrachten jetzt zweiseitige Anteilswerte.

Wir testen H_0 $(p = p_0)$ gegen H_1 $(p \neq p_0)$.

Die Testgröße lautet:

$$P(X_1, X_2, ..., X_n) = \frac{1}{n} \sum_{i=1}^{n} X_i$$

X_i nimmt nur die Werte 1 (bei Erfolg) oder 0 (bei Mißerfolg) an.

Bei X als anteilsverteiltem Merkmal und unabhängiger Stichprobe (Ziehen mit Zurücklegen) gilt für den Annahmebereich:

$$\left[p_0 - z_{1-\alpha/2} \sqrt{\frac{p_0(1-p_0)}{n}} \; ; \; p_0 + z_{1-\alpha/2} \sqrt{\frac{p_0(1-p_0)}{n}} \right]$$

Bei abhängiger Stichprobe (Ziehen ohne Zurücklegen) gilt:

$$\left[p_0 - z_{1-\alpha/2} \sqrt{\frac{p_0(1-p_0)}{n}} \cdot \sqrt{1 - \frac{n}{N}} \; ; \; p_0 + z_{1-\alpha/2} \sqrt{\frac{p_0(1-p_0)}{n}} \sqrt{1 - \frac{n}{N}} \right]$$

Bei n/N < 0,05 kann wieder auf den Korrekturfaktor verzichtet werden.

Wir betrachten jetzt einseitige Mittelwerttests.

Jetzt interessiert nicht, in welchem Bereich ein Mittelwert liegt. Es interessiert, ob $\overline{x}_1 < \overline{x}_2$ oder im anderen Fall $\overline{x}_1 > \overline{x}_2$ ist.

Die Hypothesen lauten:

$H_0(\overline{x}_1 \geq \overline{x}_0$ gegen $H_1(\overline{x}_1 < \overline{x}_0)$.

Wir sprechen vom sogenannten linksseitigen Test.

Die andere Gegenüberstellung lautet:

$H_0(\overline{x}_1 \leq \overline{x}_0)$ gegen $H_1(\overline{x}_1 > \overline{x}_0)$.

Wir sprechen dann von sogenanntem rechtsseitigem Test.

x sei normalverteilt mit Erwartungswert $\overline{x}$ und Varianz s^2. Bei unabhängiger Stichprobe (Ziehen mit Zurücklegen) und bei bekannter Varianz s^2 gilt dann für den rechtsseitigen Test folgendes Annahmeintervall

$$\left(-\infty; x_0 + z_{1-\alpha} \frac{s}{\sqrt{n}} \right]$$

Abweichungen nach links sind nicht kritisch. Daher reicht das Intervall bis $-\infty$. Erst Abweichungen, die rechts vom Wert

$$\overline{x}_0 + z_{1-\alpha} \frac{s}{\sqrt{n}}$$

liegen, stören die Hypothese.

Bei linksseitigem Test gilt folgendes Annahmeintervall:

$$\left[\overline{x}_0 - z_{1-\alpha} \frac{s}{\sqrt{n}}; +\infty \right)$$

Bei unbekannter Varianz muß zunächst die T-Verteilung angesetzt werden. Es gilt dann für den rechtsseitigen Test:

$$\left(-\infty;\, \overline{x}_0 + t_{v,1-\alpha}\frac{S}{\sqrt{n}}\right],$$

und für den linksseitigen Test

$$\left[\overline{x}_0 + t_{v,1-\alpha}\frac{S}{\sqrt{n}};\, +\infty\right)$$

Bei $n \geq 30$ kann jedoch wieder als Annäherung statt der t-Verteilung die Normalverteilung angenommen werden, also:

rechtsseitig

$$\left(-\infty;\, \overline{x}_0 + z_{1-\alpha}\frac{S}{\sqrt{n}}\right] \text{ und}$$

linksseitig:

$$\left[\overline{x}_0 - z_{1-\alpha}\frac{S}{\sqrt{n}};\, +\infty\right)$$

Bei abhängiger Stichprobe mit Ziehen ohne Zurücklegen lauten die Intervalle bei rechtsseitigem Test:

$$\left(-\infty;\, \overline{x}_0 + z_{1-\alpha}\frac{s}{\sqrt{n}}\sqrt{1-\frac{n}{N}}\right]$$

und bei linksseitigem Test:

$$\left[\overline{x}_0 - z_{1-\alpha}\frac{s}{\sqrt{n}}\sqrt{1-\frac{n}{N}};\, +\infty\right)$$

Wenn s unbekannt, wird s durch S geschätzt. Der Korrekturfaktor kann bei $n/N < 0{,}05$ entfallen.

Wir nehmen jetzt einen einseitigen Anteilswerttest an.

Es gilt bei rechtsseitigem Test:

$H_0(p \leq {}_0)$ gegen $H_1(p > p_0)$

und bei linksseitigem Test:

$H_0(p \geq p_0)$ gegen $H_1(p < p_0)$.

Wir nehmen ein anteilsmäßig verteiltes Merkmal bei unabhängiger Stichprobe (Ziehen mit Zurücklegen). Der Annahmebereich lautet dann

beim rechtsseitigen Test:

$$\left(-\infty; p_0 + z_{1-\alpha} \cdot \sqrt{\frac{p_0(1-p_0)}{n}} \right]$$

Beim linksseitigen Test gilt:

$$\left[p_0 - z_{1-\alpha} \cdot \sqrt{\frac{p_0(1-p_0)}{n}}; +\infty \right)$$

Liegt ein anteilsgemäß verteiltes Merkmal bei abhängiger Stichprobe vor (Ziehen ohne Zurücklegen), so ist der jeweilige Korrekturfaktor beizufügen, der bei $n/N < 0{,}05$ wiederum entfallen kann. Jetzt lautet der Annahmebereich beim rechtsseitigen Test:

$$\left(-\infty; p_0 - z_{1-\alpha} \cdot \sqrt{\frac{p_0(1-p_0)}{n}} \sqrt{1 - \frac{n}{N}} \right]$$

und beim linksseitigen Test finden wir:

$$\left[p_0 - z_{1-\alpha} \cdot \sqrt{\frac{p_0(1-p_0)}{n}} \sqrt{1 - \frac{n}{N}}; +\infty \right)$$

Übungsaufgaben

6.1   Man untersucht einen Konkurrenzsender, der eine Werbesendung mit dem
      Titel „B" und eine Nutzungszeit von ebenfalls 15 Minuten ausstrahlt mit
      der gleichen Methode wie bei Aufgabe 5.8. Es finden sich folgende
      Werte:

Minuten Nutzungszeit	Anzahl der Personen
0	8
1	3
2	8
3	5
4	7
5	7
6	8
7	11
8	13
9	10
10	9
11	3
12	4
13	1
14	9
15	38

Prüfen Sie die Hypothese zum Sicherheitsniveau von 95 %, daß der
Sender B bessere Nutzungszeiten für die Sendung liefert als der Sender A.

6.2   In einer ähnlichen Studie wurde wiederum der Anteil der weiblichen
      Nutzer erhoben. Es fanden sich für den Sender B 51 %. Wir erinnern, in
      Aufgabe 22 fanden wir für Sender A 53 %.

      Prüfen Sie jeweils die Hypothese, daß der Anteil der weiblichen
      Nutzerinnen überwiegt.

Tips zur Lösung der Übungsaufgaben

Aufgabe 2.1:

 Beachten Sie, daß die korrigierte Varianz und die korrigierte Standardabweichung gesucht werden.

Aufgabe 2.5:

 Denken Sie daran, daß Statistik auch brauchbare Aussagen liefern soll, in diesem Fall sagt $\overline{X}$ wenig aus.

Aufgabe 2.6:

 Beide Indizes für b) können Sie im Kopf berechnen.

Aufgabe 2.7 und 2.8:

 Hier geht es um „Ziehen mit Zurücklegen" und „Ziehen ohne Zurücklegen". Gleichzeitig wird aber auch gefragt wie hoch die Wahrscheinlichkeit für das Auftreten genau eines Ergebnisses ist. Zur Lösung dieser Aufgabe müssen Ihnen die Binomial- und die Hypergeometrische Verteilung bekannt sein.. Schauen Sie sich also schon einmal dieses Kapitel an.

Aufgabe 3.2

 Schon das Streuungsdiagramm zeigt die rechnerische Lösung offensichtlich.

Aufgabe 3.3

 Verwenden Sie die Formel auf Seite 43 und eine Arbeitstabelle entsprechend Seite 44.

Aufgabe 3.4:

Verwenden Sie die Formel auf Seite 48 und die Arbeitstabelle auf Seite 49.

Aufgabe 3.5:

Lösen Sie analog zur Aufgabe 3.3 und 3.4.

Aufgabe 4.1 und 4.2:

Sie benötigen die Formel auf Seite 55 und eine Arbeitstabelle analog zu Seite 56.

Aufgabe 5.3a):

Es sind die Bedingungen für die Anwendung der Hypergeometrischen Verteilung erfüllt.

Aufgabe 5.3b):

Es sind die Bedingungen für die Anwendung der Binomialverteilung erfüllt.

Aufgabe 5.5:

Der Erwartungswert für den Kontrollgang liegt bei 2 Uhr, der für die Arbeitszeit bei 2 Stunden.

Aufgabe 5.7a):

Sie nutzen die Tabelle auf Seite 98.

Aufgabe 5.7b):

Für den ersten Teil der Aufgabe sind keine Berechnungen erforderlich. Für den zweiten Teil gilt: ein Regal kann als reguläre Ware verkauft werden, wenn keines der zwanzig Bohrlöcher zu klein ist (null Bohrlöcher sind zu klein).

Aufgabe 6.1 und 6.2:

Diese Aufgaben betreffen den einseitigen Hypothesentest, also benötigen Sie die entsprechenden α-Werte.

Lösungen zu den Übungsaufgaben

Aufgabe 2.1

$$\sum_{i=1}^{12} x_i = 48, \quad \overline{x} = \frac{1}{12} \cdot 48 = 4$$

$$\sum_{i=1}^{12} (x_i - \overline{x})^2 = 182, \quad S^2 = \frac{1}{12} \cdot 182 = 15{,}167 \quad \text{(Varianz)}$$

$$S = \sqrt{S^2} = 3{,}894 \quad \text{(Standardabweichung)}$$

$$S^{*2} = \frac{1}{11} \cdot 182 = 16{,}545 \quad \text{(korrigierte Varianz)}$$

$$S^* = \sqrt{S^{*2}} = 4{,}068 \quad \text{(korrigierte Standardabweichung)}$$

Aufgabe 2.2

Nach Häufigkeiten sortiert:

Anzahl der Lieferungen	2	3	4	5	6
Absolute Häufigkeit	2	1	5	3	1

also:

Arithmetisches Mittel $\overline{x} = 1/12 \, (2 \cdot 2 + 1 \cdot 3 + 5 \cdot 4 + 3 \cdot 5 + 1 \cdot 6) = 4$

Median $x_{Median} = \frac{1}{2}\,(4 + 4) = 4$ („mittlerer Wert")

Modus $x_{Modus} = 4$ (häufigster Wert)

Aufgabe 2.3

Vergeben wurde 15-mal die Note 1, 9-mal die Note 4 und 6-mal die Note 5.
Also

$x_{Median} = \frac{1}{2}(1+4) = 2{,}5$

$x_{Modus} = 1$ (häufigster Wert)

Die Eigenwerbung wird also wohl lauten: „Am häufigsten gaben die Kunden an, sehr zufrieden mit uns zu sein".

Aufgabe 2.4

$$\text{Kosten nach 3 Jahren} \quad = \quad \text{Kosten zu Anfang} \cdot (1-0{,}4) \cdot (1-0{,}1) \cdot (1-0{,}1)$$

$$= \quad \text{Kosten zu Anfang} \cdot 0{,}486$$

$\sqrt[3]{0{,}486} = 0{,}786 = 1 - 0{,}214$, also

durchschnittliche Kostenreduzierung pro Jahr = 21,4 %

Aufgabe 2.5

$x_{Modus} = 50.000$, $x_{Median} = 50.000$, $\overline{x} = 140.000$

Im Mittel oder auch am häufigsten wird hier 50.000,- DM verdient. Das arithmetische Mittel bietet hier am wenigsten eine Antwort auf die Frage.

Aufgabe 2.6

(Wieder wurden hier die Werte des jeweiligen Berichtsjahres fett gesetzt.)

a)

$$P^{L}_{1994,\,1995} = \frac{17 \cdot 14 + \mathbf{18} \cdot 15 + \mathbf{20} \cdot 12 + \mathbf{6} \cdot 110 + \mathbf{12} \cdot 40 + \mathbf{11} \cdot 33}{17 \cdot 14 + 14 \cdot 15 + 18 \cdot 12 + 7 \cdot 110 + 13 \cdot 40 + 9 \cdot 33} = \frac{2251}{2251} = 1$$

$$P^P_{1994,\,1995} = \frac{17 \cdot 18 + 18 \cdot 10 + 20 \cdot 14 + 6 \cdot 24 + 12 \cdot 96 + 11 \cdot 26}{17 \cdot 18 + 14 \cdot 10 + 18 \cdot 14 + 7 \cdot 24 + 13 \cdot 96 + 9 \cdot 26} = \frac{2348}{2348} = 1$$

b)

$$P^L_{1994,\,1995} = \frac{34 \cdot 14 + 28 \cdot 15 + 36 \cdot 12 + 14 \cdot 110 + 26 \cdot 40 + 18 \cdot 33}{17 \cdot 14 + 14 \cdot 15 + 18 \cdot 12 + 7 \cdot 110 + 13 \cdot 40 + 9 \cdot 33} = \frac{4502}{2251} = 2$$

$$P^P_{1994,\,1995} = \frac{34 \cdot 14 + 28 \cdot 15 + 36 \cdot 12 + 14 \cdot 110 + 26 \cdot 40 + 18 \cdot 33}{17 \cdot 14 + 14 \cdot 15 + 18 \cdot 12 + 7 \cdot 110 + 13 \cdot 40 + 9 \cdot 33} = \frac{4502}{2251} = 2$$

Da die Preise sich alle verdoppelt haben, kann eigentlich auf die explizite Rechnung verzichtet werden.

Aufgabe 2.7

$$W(\text{genau x Gewinne}) = \frac{\binom{10}{x}\binom{90}{5-x}}{\binom{100}{5}}$$

$$W(\text{genau 0 Gewinne}) = \frac{\binom{10}{0}\binom{90}{5}}{\binom{100}{5}} = 0{,}583752$$

$$W(\text{genau 1 Gewinn}) = \frac{\binom{10}{1}\binom{90}{4}}{\binom{100}{5}} = 0{,}339391$$

$$W(\text{genau 2 Gewinne}) = \frac{\binom{10}{2}\binom{90}{3}}{\binom{100}{5}} = 0{,}070219$$

150

Also a) $W = 0{,}584$

b) $W = 0{,}339$

c) Das ist die Alternative zu a), also $W = 0{,}416$

d) Das ist die Alternative zu a) und b), also
$$W = 1 - (0{,}584 + 0{,}339) = 0{,}077$$

e) 91 Lose, denn nach Entnahme von 90 Nieten liegen nur noch Gewinne in der Lostrommel

Aufgabe 2.8

$$W \text{ (genau x Gewinne)} = \binom{5}{x} \cdot 0{,}1^x \cdot (1 - 0{,}1)^{5-x}$$

$$W \text{ (genau 0 Gewinne)} = \binom{5}{0} \cdot 0{,}1^0 \cdot (1 - 0{,}1)^5 = 0{,}590490$$

$$W \text{ (genau 1 Gewinn)} = \binom{5}{1} \cdot 0{,}1^1 \cdot (1 - 0{,}1)^4 = 0{,}328050$$

$$W \text{ (genau 2 Gewinne)} = \binom{5}{2} \cdot 0{,}1^2 \cdot (1 - 0{,}1)^3 = 0{,}072900$$

Also a) $W = 0{,}590$

b) $W = 0{,}328$

c) $W = 0{,}410$

d) $W = 0{,}081$

e) mit endlich vielen Spielen nicht erreichbar

Aufgabe 3.1

$$r = \frac{\sum (x_i - \bar{x})(y_i - \bar{y})}{\sqrt{\sum (x_i - \bar{x})^2 (y_i - \bar{y})^2}} = \frac{\sum (x_i - \bar{x})(2x_i - 2\bar{x})}{\sqrt{\sum (x_i - \bar{x})^2 \sum (2x_i - 2\bar{x})^2}}$$

$$= \frac{2\sum (x_i - \bar{x})(x_i - \bar{x})}{2\sqrt{\sum (x_i - \bar{x})^2 \sum (x_i - \bar{x})^2}} = \frac{\sum (x_i - \bar{x})^2}{\sum (x_i - \bar{x})^2} = 1$$

Aufgabe 3.2

Streuungsdiagramm

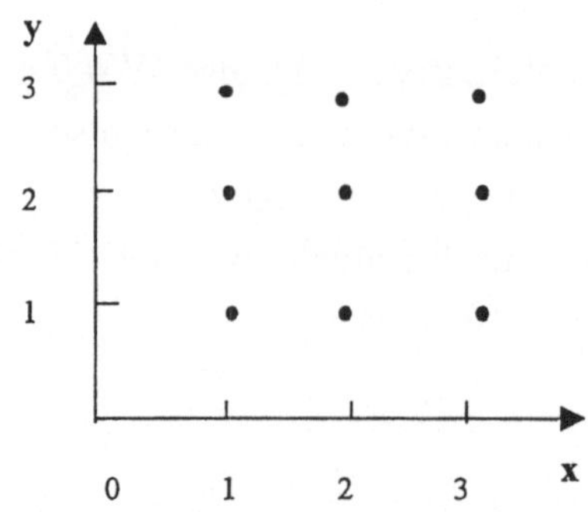

Da jeder der x-Werte 1, 2, 3 je einmal mit einem der y-Werte 1, 2, 3 auftritt, kann keine Korrelation bestehen.

Wegen

$\overline{x} = \overline{y} = 2$ ist

$$\sum_{i=1}^{9} \left(x_i - \overline{x}\right)\left(y_i - \overline{y}\right) = (-1) \cdot (-1) + (-1) \cdot 0 + (-1) \cdot 1$$

$$+ \, 0 \cdot (-1) + 0 \cdot 0 + 0 \cdot 1 + 1 \cdot (-1) + 1 \cdot 0 + 1 \cdot 1 = 0,$$

also auch der Korrelationskoeffizient.

<u>**Aufgabe 3.3**</u>

i	x_i Einkommen in TDM	y_i Wohn-raum in qm	$x_i-\overline{x}$	$y_i-\overline{y}$	$(x_i-\overline{x})^2$	$(y_i-\overline{y})^2$	$(x_i-\overline{x})\cdot(y_i-\overline{y})^2$
1	5,0	150	1	51	1	2601	51
2	4,4	100	0,4	1	0,16	1	0,4
3	4,0	90	0	-9	0	81	0
4	3,3	100	-0,7	1	0,49	1	-0,7
5	4,1	74	0,1	-25	0,01	625	-2,5
6	3,2	80	-0,8	-19	0,64	361	15,2
Σ	24	594	0	0	2,3	3670	63,4
Ar. M.	4	99					

$$r = \frac{63,4}{\sqrt{2,3\cdot 3670}} = 0,690068666 = 0,690$$

<u>**Aufgabe 3.4**</u>

	P_1	P_2	P_3	P_4	P_5	P_6	P_7	P_8	P_9	P_{10}	Σ
Note 1	1,27	2,35	3,61	3,93	2,13	1,44	2,93	2,77	1,35	2,14	
Note 2	1,29	1,9	2,89	3,43	1,85	1,22	2,45	1,95	1,27	1,87	
Rang 1	1	6	9	10	4	3	8	7	2	5	
Rang 2	3	6	9	10	4	1	8	7	2	5	
R_1-R_2	-2	0	0	0	0	2	0	0	0	0	
$(R_1-R_2)^2$	4	0	0	0	0	4	0	0	0	0	8

$$r = 1 - \frac{6\cdot 8}{9\cdot 10\cdot 11} = 0,9515$$

<u>**Aufgabe 3.5**</u>

i		Preis x_i	Punkte y_i	$x_i - \overline{x}$	$y_i - \overline{y}$	$(x_i - \overline{x})^2$	$(y_i - \overline{y})^2$	$(x_i - \overline{x}) \cdot (y_i - \overline{y})$
G1	1	100	73	-100	-7	10000	49	700
G2	2	112	51	-88	-29	7744	841	2552
G3	3	118	84	-82	4	6724	16	-328
G4	4	280	85	80	5	6400	25	400
G5	5	290	89	90	9	8100	81	810
G6	6	300	98	100	18	10000	324	1800
	Σ	1200	480	0	0	48968	1336	5934
Arith. M.		200	80					

$$r = \frac{5934}{\sqrt{48968 \cdot 1336}} = 0,733649$$

Um den 2. Rangkorrelationskoeffizienten mit dem Korrelationskoeffizienten vergleichen zu können, wird hier dem höchsten Preis Rang 1 gegeben usw. bis zum niedrigsten Preis Rang 6.

	G1	G2	G3	G4	G5	G6	Σ
Preis	100	112	118	280	290	300	
Punkte	73	51	84	85	89	98	
Rang 1	6	5	4	3	2	1	
Rang 2	5	6	4	3	2	1	
$R_1 - R_2$	1	-1	0	0	0	0	
$(R_1 - R_2)^2$	1	1	0	0	0	0	2

$$r = 1 - \frac{6 \cdot 2}{5 \cdot 6 \cdot 7} = 0,942857$$

154

<u>**Aufgabe 4.1**</u>

a)

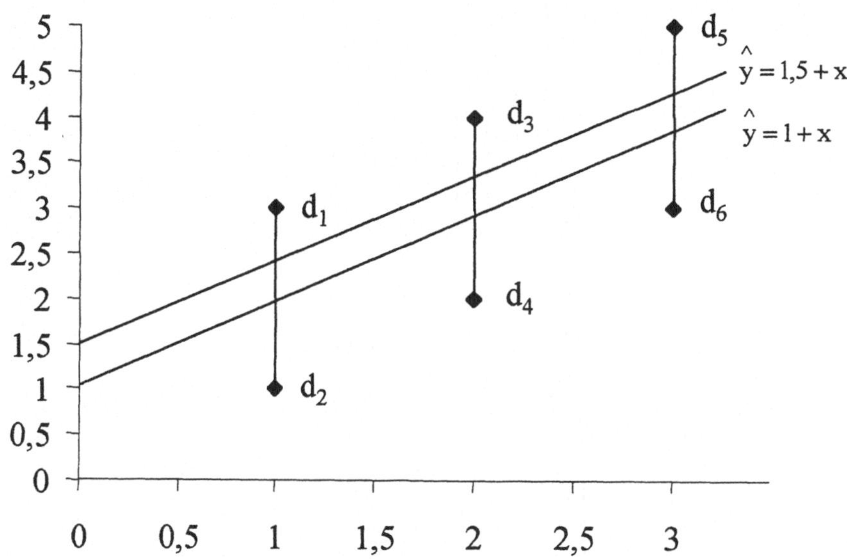

b)   Wenn $d_1 + d_2 = 2$, $d_3 + d_4 = 2$, $d_5 + d_6 = 2$ gilt

$$\sum_{i=1}^{6} d_i = 6 \text{ für alle genannten Geraden.}$$

c) bis e)

$\hat{b} = 4/4 = 1$; $\hat{a} = 3 - 1 \cdot 2 = 1$; $x = 2,5 \rightarrow y = 3,5$; $x = 4 \rightarrow y = 5$

i		x_i	y_i	$x_i-\bar{x}$	$y_i-\bar{y}$	$(x_i-\bar{x})^2$	$(y_i-\bar{y})^2$	$(x_i-\bar{x})(y_i-\bar{y})$	r	R2	b	a
1	1	1	1	-1	-2	1	4	2				
2	1	1	3	-1	0	1	0	0				
3	1	2	2	0	-1	0	1	0				
4	1	2	4	0	1	0	1	0				
5	1	3	3	1	0	1	0	0				
6	1	3	5	1	2	1	4	2				
Σ	6	12	18	0	0	4	10	4	0,6325	0,4000	1,0000	1,0000
Arith.M.		2	3									

<u>**Aufgabe 4.2**</u>

a)

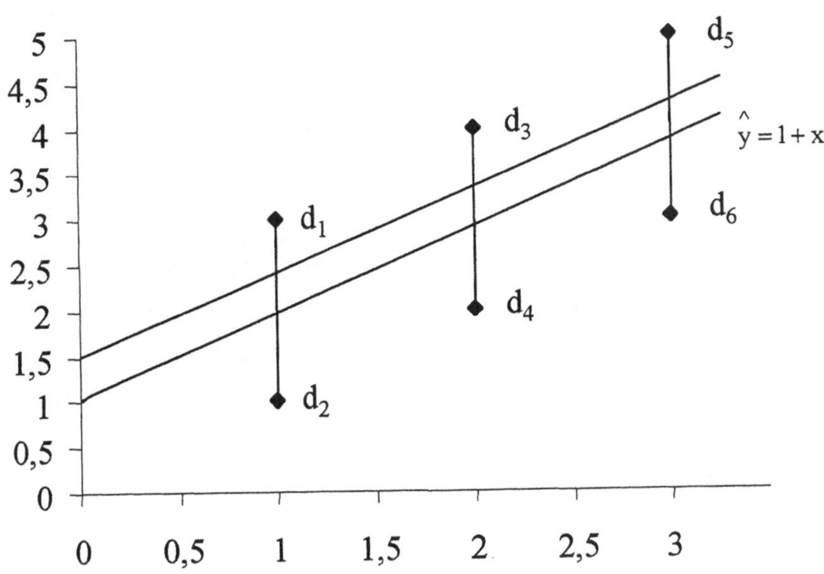

<u>**Aufgabe 4.2**</u>

i	x_i	y_i	$x_i-\overline{x}$	$y_i-\overline{y}$	$(x_i-\overline{x})^2$	$(y_i-\overline{y})^2$	$(x_i-\overline{x})(y_i-\overline{y})$
1	3	4	-8	-15	64	225	120
2	6	8	-5	-11	25	121	55
3	8	14	-3	-5	9	25	15
4	11	18	0	-1	0	1	0
5	13	24	2	5	4	25	10
6	16	28	5	9	25	81	45
7	20	37	9	18	81	324	162
Σ	77	133	0	0	208	802	407
Ar.M	11	19					

b)

$$\hat{b} = \frac{407}{208} = 1,9567$$
$$\hat{a} = 19 - 1,9567 \cdot 11 = -2,5240$$

Regressionsgerade:

$$\hat{y} = -2,52 + 1,96x$$

c)

$$r = \frac{407}{\sqrt{208 \cdot 802}} = 0,9965$$
$$R^2 = r^2 = 0,9930$$

d)

$x = 12 \Rightarrow y = 20{,}9567$

$x = 22 \Rightarrow y = 40{,}5240$

Aufgabe 5.1

a)

$$W(A \cup B \cup C) = W((A \cup B) \cup C)$$

$$= W(A \cup B) + W(C) - W((A \cup B) \cap C) \tag{1}$$

$$W(A \cup B) = W(A) + W(B) - W(A \cap B) \tag{2}$$

$$W((A \cup B) \cap C) = W((A \cap C) \cup (B \cap C))$$

$$= W(A \cap C) + W(B \cap C) - W((A \cap C) \cap (B \cap C))$$

$$= W(A \cap C) + W(B \cap C) - W(A \cap B \cap C) \tag{3}$$

(2) und (3) in (1) eingesetzt, ergibt :

$$W(A \cup B \cup C) = W(A) + W(B) + W(C) - W(A \cap B)$$

$$- W(A \cap C) - W(B \cap C) + W(A \cap B \cap C)$$

b)   Sei:

G = Gesamtmenge; Z = Menge der Zeitungsleser; F = Menge der Fernseher; K = Menge der Kinogänger; W(M) = Wahrscheinlichkeit, bei zufälliger Auswahl einer Person aus G eine Person aus M zu wählen

Es ist: $W(Z) = 0{,}8$; $W(F) = 0{,}7$; $W(K) = 0{,}3$

Wegen a gilt:

$G = Z \cup F \cup K$, also ist

$$W(Z \cup F \cup K) = W(G) = 1{,}0 \text{ und}$$

$$1{,}0 = W(Z) + W(F) + W(K) - W(Z \cap F) - W(Z \cap K) - W(F \cap K)$$

$$+ W(Z \cap F \cap K)$$

Wegen b gilt:

$K \subset F$, also $K \cap F = K$

und $Z \cap F \cap K = Z \cap K$, also

$1{,}0 = W(Z) + W(F) + W(K) - W(Z \cap F) - W(Z \cap K) - W(K) + W(Z \cap K)$

$= W(Z) + W(F) - W(Z \cap F)$

$= 0{,}8 + 0{,}7 - W(Z \cap F)$

Also ist $W(Z \cap F) = 0{,}5$

Die Menge der Nur-Zeitungsleser ist wegen

$Z \cap F$. Wegen

$W(Z) = W(Z \cap F) + W(Z \cap \overline{F})$, also

$0{,}8 = 0{,}5 + W(Z \cap \overline{F})$

ist $W(Z \cap \overline{F}) = 0{,}3$

c)

N = Menge der Nur-Fernseher. Dann gilt

$N \cup (Z \cup K) = G$ und $N \cap (Z \cup K) = \Phi$, also

$W(N) + W(Z \cup K) = W(G)$.

Wegen $W(Z \cup K) = W(Z) + W(K) - W(Z \cap K)$

$= W(Z) + W(K) - W(Z \cap F \cap K)$

$= 0{,}8 + 0{,}3 - 0{,}2 = 0{,}9$

ist $W(N) = 1 - 0{,}9 = 0{,}1$.

Veranschaulichung der Teilmengen: (Z, F, K sind die verschiedenen gerandeten Rechtecke)

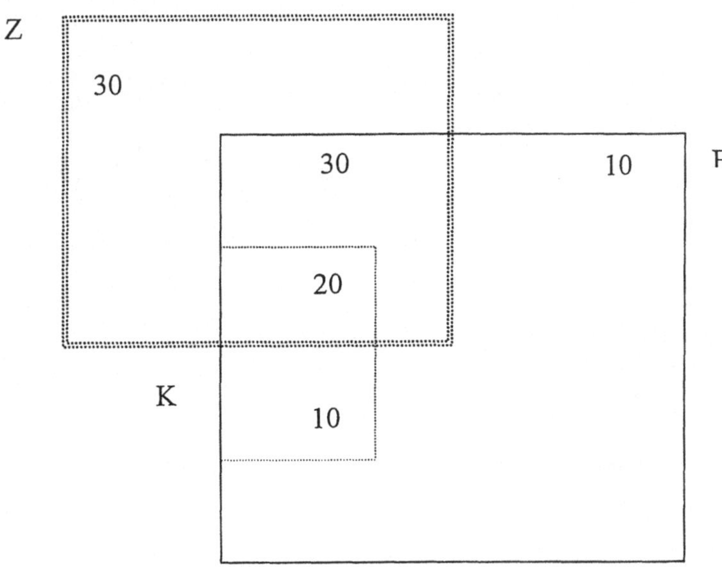

Aufgabe 5.2

Bei unseren Berechnungen sei die „schlechte" Palette die Nummer 10.

a)

$$W(A_i) = \frac{1}{10} \qquad\qquad \text{für } i = 1,...,10$$

$$W(X|A_i) = \frac{1}{1000} \qquad\qquad \text{für } i = 1,...,9, \qquad W(X|A_{10}) = \frac{1}{10}$$

$$W(X) = \sum_{i=1}^{9} \frac{1}{10} \cdot \frac{1}{1000} + \frac{1}{10} \cdot \frac{1}{10} = 0{,}0109$$

$$W(A_i|X) = \frac{\frac{1}{10} \cdot \frac{1}{1000}}{0{,}0109} = 0{,}0092 \quad \text{für } i = 1,...,9,$$

$$W(A_{10}|X) = \frac{\frac{1}{10} \cdot \frac{1}{10}}{0{,}0109} = 0{,}9174$$

b)

$$W(A_i) = \frac{11}{100} \qquad \text{für } i = 1,\ldots,9, \qquad W(A_{10}) = \frac{1}{100}$$

$$W(X|A_i) = \frac{1}{1000} \qquad \text{für } i = 1,\ldots,9, \qquad W(X|A_i) = \frac{1}{10}$$

$$W(X) = \sum_{i=1}^{9} \frac{11}{100} \cdot \frac{1}{1000} + \frac{1}{100} \cdot \frac{1}{10} = 0{,}00199$$

$$W(A_i|X) \frac{\frac{11}{100} \cdot \frac{1}{1000}}{0{,}00197} = 0{,}0553 \qquad \text{für } i = 1,\ldots,9,$$

$$W(A_{10}|X) = \frac{\frac{1}{100} \cdot \frac{1}{1000}}{0{,}00199} = 0{,}0050$$

c)　　In jeder Palette seien insgesamt M Äpfel, die Lieferung besteht also aus 10 M Äpfeln. Darunter befinden sich insgesamt

$$9 \cdot \frac{1}{1000} \cdot M + 1 \cdot \frac{1}{10} \cdot M$$

schlechte Äpfel. Also ist

$$W(X) = \frac{\frac{9}{1000} + \frac{1}{10}}{10} = 0{,}0109 \, (\text{wie in Teil a!})$$

Aufgabe 5.3

a)

N = 20; n = 10; also n/N = 0,5 >0,05, also hypergeometrische Verteilung.

Erwartungswerte und Varianzen:

1) $K = 6$, $E(X) = 10 \cdot \dfrac{6}{20} = 3$, $Var(X) = 10 \cdot \dfrac{6}{20} \cdot \dfrac{20-6}{20} \cdot \dfrac{20-10}{20-1} = 1{,}10526$

2) $K = 10$, $E(X) = 10 \cdot \dfrac{10}{20} = 5$, $Var(X) = 10 \cdot \dfrac{10}{20} \cdot \dfrac{20-10}{20} \cdot \dfrac{20-10}{20-1} = 1{,}31579$

3) $K = 3$, $E(X) = 10 \cdot \dfrac{3}{20} = 1{,}5$, $Var(X) = 10 \cdot \dfrac{3}{20} \cdot \dfrac{20-3}{20} \cdot \dfrac{20-10}{20-1} = 0{,}67105$

Wahrscheinlichkeit (genau 3 defekte Stücke in der Stichprobe):

1) $W = \dfrac{\binom{6}{3}\binom{14}{7}}{\binom{20}{10}} = 0{,}37152$

2) $W = \dfrac{\binom{10}{3}\binom{10}{7}}{\binom{20}{10}} = 0{,}07794$

3) $W = \dfrac{\binom{3}{3}\binom{17}{7}}{\binom{20}{10}} = 0{,}10526$

b)

$N = 10.000$, $n = 100$, also $n/N = 0{,}01 < 0{,}05$, also Binomialverteilung mit $p = K/N$.

Erwartungswert und Varianzen:

1) $K = 3000$, also $p = 0{,}3$, $E(X) = 100 \cdot 0{,}3 = 30$, $Var(X) = 100 \cdot 0{,}3 \cdot 0{,}7 = 21{,}0$
2) $K = 5000$, also $p = 0{,}5$, $E(X) = 100 \cdot 0{,}5 = 50$, $Var(X) = 100 \cdot 0{,}5 \cdot 0{,}5 = 25{,}0$
3) $K = 1500$, also $p = 0{,}15$, $E(X) = 100 \cdot 0{,}15 = 15$, $Var(X) = 100 \cdot 0{,}15 \cdot 0{,}85 = 12{,}75$

Wahrscheinlichkeit (genau 30 defekte Stücke in der Stichprobe):

$$1)\ W = \binom{100}{30} \cdot 0{,}3^{30} \cdot 0{,}7^{70} = 0{,}08678$$

$$2)\ W = \binom{100}{30} \cdot 0{,}5^{30} \cdot 0{,}5^{70} = 0{,}00002$$

$$3)\ W = \binom{100}{30} \cdot 0{,}15^{30} \cdot 0{,}85^{70} = 0{,}00006$$

Aufgabe 5.4

a)   Unter den 10.000 Stück befinden sich 1 %, also 100 defekte Stücke. Dann ist

$$W\ (\text{genau 5 defekt}) = \frac{\binom{100}{5}\binom{9900}{195}}{\binom{10000}{200}}$$

und

$$W\ (\text{höchstens 3 defekt}) = \frac{\binom{100}{0}\binom{9900}{200}}{\binom{10000}{200}} + \frac{\binom{100}{1}\binom{9900}{199}}{\binom{10000}{200}} + \frac{\binom{100}{2}\binom{9900}{198}}{\binom{10000}{200}} + \frac{\binom{100}{3}\binom{9900}{197}}{\binom{10000}{200}}$$

b)   Wegen $n = 200 \geq 50$ und $p = 0{,}01 \leq 0{,}1$ und $n \cdot p = 2 \leq 10$ und $n/N = 0{,}02 < 0{,}05$ kann die Annäherung durch die Poisson-Verteilung mit $\lambda = n \cdot p = 2$ vorgenommen werden. Es ergibt sich

$$W \text{ (genau 5 defekt)} = \frac{2^5}{5!} e^{-2} = 0{,}036089$$

und

$$W \text{ (höchstens 3 defekt)} = \frac{2^0}{0!} e^{-2} + \frac{21}{1!} e^{-2} + \frac{2^2}{2!} e^{-2} + \frac{2^3}{3!} e^{-2}$$

$$= \left(1 + 2 + 2 + \frac{4}{3}\right) \cdot e^{-2}$$

$$= 0{,}857123$$

Die bequemere Berechenbarkeit der Werte der Poisson-Verteilung ist bei den heute vorhandenen Rechenmöglichkeiten kein Grund mehr für die Bevorzugung gegenüber der hypergeometrischen Verteilung. Mit einem wissenschaftlichen Taschenrechner (mittlerer Preisklasse) sind die Werte von a) berechenbar:

$$W \text{ (genau 5 defekt)} = 0{,}0349666, \qquad W \text{ (höchstens 3 defekt)} = 0{,}859890$$

Diese Exaktheit ist aber nur scheinbar. Erstens ist es nur eine Annahme, daß sich bei 1 % Ausschuß genau 100 defekte Artikel unter den 10000 befinden und zweitens sind zwar die entnommenen 200 Stück genau abgezählt, aber die vorhandenen 10000 im Lagerbestand sind nur geschätzt. Bei einem Lagerbestand von exakt 10010 bzw. 9990 (unter denen sich z. b. genau 101 defekte Stücke befinden), ändert sich W (genau 5 defekt) zu 0,035952 bzw. 0,036174. Der Wert, der sich nach Ansatz der Poisson-Verteilung ergibt (0,036089), ist also genau so gut, ohne daß man sich auf einen Lagerbestand von 9990 oder 10000 oder 10010 Stück festlegen mußte.

<u>Aufgabe 5.5</u>

a)   Eigentlich ist dies ohne Integralrechnung klar: Der Erwartungswert für den Kontrollgang liegt in der Mitte der Zeit, ist also 2 Uhr. Der Erwartungswert für die Arbeitszeit ist 4 Uhr − 2 Uhr = 2 Stunden. Also ist mit 60 /2 = 30 Tagen zu rechnen.

Zum besseren Verständnis von Teil b) soll jetzt noch genau gerechnet werden:
Der Zeitpunkt für den Kontrollgang t ist gleichverteilt zwischen 0 Uhr und 4
Uhr, also mit der Wahrscheinlichkeitsdichte ¼. Die zur Verfügung stehende Arbeitszeit ist also 4-t für t zwischen 0 Uhr und 4 Uhr. Dann ergibt sich für den
Erwartungswert der zur Verfügung stehenden Arbeitszeit:

$$\int_0^4 (4-t) \cdot \frac{1}{4} dt = \int_0^4 \left(1 - \frac{t}{4}\right) dt = \left(t - \frac{t^2}{8}\right)_0^4 = 4 - \frac{16}{8} = 2$$

also 2 Stunden pro Nacht und somit 30 Tage.

b)   Nun ist die zur Verfügung stehende Zeit $4 - t$, falls $0 \leq t \leq 3$ und 0, falls
$3 < t \leq 4$. Dann ergibt sich für den Erwartungswert der zur Verfügung stehenden
Arbeitszeit

$$\int_0^3 (4-t) \cdot \frac{1}{4} dt = \int_3^4 0 \cdot \frac{t}{4} dt$$

$$= \left[t - \frac{t^2}{8}\right]_0^3 + 0 = 3 - \frac{9}{8} = \frac{15}{8},$$

also 15/8 Stunden pro Nacht, und somit ist mit 60/(15/8) = 32 Tagen zu rechnen.

Aufgabe 5.6

a)   Mit der Verteilungsfunktion $F(x, \lambda) = 1 - e^{-\lambda x}$ (für die Zeit x bis zum Eintreffen des nächsten Kunden) gilt

$$1 - e^{-\lambda \, 20} = \frac{1}{2}, \text{ also } \lambda = \frac{1}{20} \cdot \ln 2 = 0{,}034657$$

b)

$$1 - e^{-\lambda\,10} = 0,2929 \quad (\text{exakt}: 1 - \sqrt{\tfrac{1}{2}})$$

c)

$$1 - e^{-\lambda\,30} = 0,6464 \quad (\text{exakt}: 1 - \tfrac{1}{2}\sqrt{\tfrac{1}{2}})$$

<u>Aufgabe 5.7</u>

a)   X ist der Bohrlochdurchmesser mit $\overline{X} = 7$ und $Var(X) = \tfrac{1}{4}$, also $s = 0,5$. Die dazugehörige standardisierte Zufallsvariable ist

$$Z = \frac{X-7}{0,5}, \text{ also } X = (0,5)\cdot Z + 7.$$

Mit Hilfe der Tabelle (Seite 98) erhalten wir

$$W(X \leq 9) = W(0,5 \cdot Z + 7 \leq 9) = W(0,5 \cdot Z \leq 2) = W(Z \leq 4) = 1,0000$$
$$W(X \leq 6) = W(0,5 \cdot Z + 7 \leq 6) = W(0,5 \cdot Z \leq -1) = W(Z \leq 2) = 0,0227,$$
also
$$W\,(\text{Bohrloch zu groß}) = W(X > 9) = 1 - W(X \leq 9) = 1 - 1 = 0$$
$$W\,(\text{Bohrloch zu klein}) = W(X \leq 6) = 0,0227$$
$$W\,(\text{Bohrloch passend}) = W(X \leq 9) - W(X \leq 6) = 1 - 0,0227 = 0,9773$$

b)   Die Wahrscheinlichkeit, daß ein Regal nicht stabil ist, ist praktisch gleich Null, da die Wahrscheinlichkeit für zu große Bohrlöcher praktisch gleich Null ist (vgl. die Anmerkung am Ende von c).

Ein Regal kann als reguläre Ware verkauft werden, wenn keines der 20 Bohrlö-cher zu klein ist.

$$W\,(\text{Regal regulär}) = \binom{20}{0} \cdot 0{,}0227^0 \cdot 0{,}9773^{20} = 0{,}6318,\,\text{also}$$

W(Regal nicht regulär) = 1 − 0,6318 = 0,3682, d. h. rund 37 % der Regale kann nicht als reguläre Ware verkauft werden.

c)

$$\overline{X} = 8,\,\text{also}\ Z = \frac{X-8}{0{,}5},\,\text{also}\ X = 0{,}5 \cdot Z + 8,\ \text{also}$$

$$W(X \le 9) = W(0{,}5 \cdot Z + 8 \le 9) = W(0{,}5 \cdot Z \le 1) = W(Z \le 2) = 0{,}9773$$

$$W(X \le 6) = W(0{,}5 \cdot Z + 8 \le 6) = W(0{,}5 \cdot Z \le -2) = W(Z \le -4) = 0{,}0000,$$
also

$$W\,(\text{Bohrloch zu groß}) = W(X > 9) = 1 \cdot W(X \le 9) = 1 \cdot 0{,}9773 = 0{,}0227$$

$$W\,(\text{Bohrloch zu klein}) = W(X \le 6) = 0{,}0000 \approx 0$$

$$W\,(\text{Bohrloch passend}) = W(X \le 9) - W(X \le 6) = 0{,}9773 - 0 = 0{,}9773$$

Ein Regal ist stabil, wenn höchstens 4 der insgesamt 20 Bohrlöcher zu groß sind. Also ist (mit p = 0,0227)

$$W\,(\text{Regal stabil}) = \binom{20}{0} \cdot p^0 \cdot (1-p)^{20} + \binom{20}{1} \cdot p^1 \cdot (1-p)^{19}$$

$$+ \binom{20}{2} \cdot p^2 \cdot (1-p)^{18} + \binom{20}{3} \cdot p^3 \cdot (1-p)^{17} + \binom{20}{4} \cdot p^4 \cdot (1-p)^{16}$$
$$= 0{,}9999$$

W (Regal nicht stabil) = 1 − 0,9999 = 0.

Die Wahrscheinlichkeit, daß ein Bohrloch zu klein ist, ist praktisch gleich Null. Die Wahrscheinlichkeit, daß alle 20 Bohrlöcher nicht zu klein sind, ist praktisch gleich 1. (Mit einem genaueren Wert für $W(Z \le 4) = 0{,}999968$ ergibt sich der genauere Wert 0,999360, d. h. etwa 0,064 % der gefertigten Regale sind nicht als reguläre Ware zu verkaufen.)

Aufgabe 5.8

m_i	a_i	$a_i \cdot m_i$	$a_i \cdot (m_i-m)^2$
Minuten Nutzungszeit	Anzahl der Personen		
0	10	0	640
1	4	4	196
2	3	6	108
3	7	21	175
4	**10**	40	160
5	10	50	90
6	12	72	48
7	14	98	14
8	15	120	0
9	10	90	10
10	9	90	36
11	4	44	36
12	3	36	48
13	2	26	50
14	10	140	360
15	**21**	315	1029
	144	1152	3000
$\sum$		$\overline{x}=8$	20,83333333 $\frac{1}{4}\sum(x_i-\overline{x})^2$
$s^*=4{,}5803$			20,97902098 $\frac{1}{m_i}\sum(x_i-\overline{x})^2$

$\alpha = 0{,}05$

$$\overline{x} \pm 1{,}96\,\frac{s^*}{\sqrt{m}} = \overline{x} \pm 1{,}96\,\frac{4{,}5803}{\sqrt{144}} = 8 \pm 0{,}7481$$

$$= \left[7{,}2519;\, 8{,}7481\right] = \left[7'15'';\ 8'45''\right]$$

Aufgabe 5.9

Weibliche Nutzerinnen 53 %; n = 144

Konfidenzintervall:

$$\left(0{,}53 \pm 1{,}96\sqrt{\frac{0{,}530 \cdot 0{,}470}{144}}\right) = \left(0{,}53 \pm 1{,}96\sqrt{\frac{0{,}2491}{144}}\right)$$

$$\approx \left(0{,}53 \pm 1{,}96 \cdot \frac{0{,}5}{12}\right) = (0{,}53 \pm 0{,}08)$$

Das Konfidenzintervall ist sehr groß, was sich aus der recht kleinen Stichprobe ergibt. In der Realität belaufen sich die Stichproben bei der Fernsehforschung auf rund 6.000 Haushalte.

Aufgabe 5.10

Wir betrachten die Stichprobe als die unabhängige Ziehung von 7500 mal 100 ml. Der Stichprobenmittelwert ist 33,5 g geteilt durch 750, das ergibt 44,667 mg auf 100 ml. Zur Irrtumswahrscheinlichkeit $\alpha = 0{,}05$ bilden wir das Vertrauensintervall

$$\overline{x} \pm 1{,}96 \frac{s}{\sqrt{n}} = 44{,}667 \pm 1{,}96 \frac{2{,}5}{\sqrt{750}} = 44{,}667 \pm 0{,}179 ,\text{ also}$$

$$[44{,}488; 44{,}846].$$

Der angegebene Wert 45,0 liegt nicht im Konfidenzintervall.

Aufgabe 5.11

Wenn Sie sich nur die Stichprobenauswertung ersparen wollten, dann sind hier die wesentlichen Summen:

Anzahl der Merkmalswerte $= 24 \cdot 60 = 1440$

Summe der Merkmalswerte $= 332.640$

Summe der quadrierten Abweichungen $= 19426$

Bei einem Stichprobenumfang von 1440 kann für das arithmetische Mittel die Normalverteilung angenommen werden. Der Stichprobenmittelwert ist 231,0000. Zur Irrtumswahrscheinlichkeit $\alpha = 0,01$ bilden wir das Vertrauensintervall

$$\bar{x} \pm 2,575 \, \frac{s^*}{\sqrt{n}} = 231 \pm 2,575 \, \frac{3,6742}{\sqrt{1440}} = 231 \pm 0,2493, \text{ also}$$

$$\left[230,7506; 231,2493\right]$$

Der Betrag der Nennspannung (230) liegt nicht im Konfidenzintervall.

Aufgabe 6.1

m_i	a_i	a_i*m_i	$a_i*(m_i-m)^2$
Minuten Nutzungszeit	Anzahl der Personen		
0	8	0	648
1	3	3	192
2	**8**	16	392
3	5	15	180
4	7	28	175
5	7	35	112
6	**8**	48	72
7	11	77	44
8	13	104	13
9	10	90	0
10	9	90	9
11	3	33	12
12	4	48	36
13	1	13	16
14	**9**	126	225
15	38	570	1368
Σ	144	1296	3494
		9	24,26388889
$S^* = $ 4,943032109			24,43356643

$\alpha = 0{,}05$

$$\bar{x} \pm 1{,}96\,\frac{S^*}{\sqrt{m}} = \bar{x} \pm 1{,}96\,\frac{4{,}9430}{12} = 9 \pm 0{,}8074$$

$$= [8{,}1926;\, 9{,}8074] = [8'12''; \, 9'48'']$$

Das ist zunächst ein einfaches Vertrauensintervall. Die Hypothese wird geprüft durch:

$$\left[9 - 1{,}64\,\frac{4{,}943}{12} \right] > \left[8 + 1{,}64\,\frac{4{,}5803}{12} \right]$$

<u>**Aufgabe 6.2**</u>

Einseitiger Hypothesentest; wir nehmen 95 % Signifikanzniveau, daraus folgt:

$$\left[0{,}51 - 1{,}64\sqrt{\frac{0{,}51 \cdot 0{,}49}{144}}\right] \approx \left[0{,}51 - 1{,}64\,\frac{0{,}5}{12}\right] \approx [0{,}51 - 0{,}07] \approx 0{,}44$$

Die Hypothese ist abzulehnen.

Selbst bei einer Stichprobe von n = 4900 folgt:

$$\left[0{,}51 - 1{,}64\sqrt{\frac{0{,}51 \cdot 0{,}49}{4900}}\right] \approx \left[0{,}51 - 1{,}64\,\frac{0{,}5}{70}\right] \approx [0{,}51 - 0{,}012] \approx 0{,}498,$$

Und die Hypothese wäre knapp abzulehnen.

Literaturverzeichnis

Bamberg, G. & Baur, F. Statistik (10. Auflage), München, Wien: 1998.

Basler, H. Grundbegriffe der Wahrscheinlichkeitsrechnung und statistischen Methodenlehre (11. Auflage), Heidelberg, Wien: 1994.

Bleymüller, J.; Gehlert, G. & Gülicher, H. Statistik für Wirtschaftswissenschaftler (9. Auflage), München: 1994.

Bortz, J.: Statistik für Sozialwissenschaftler (4. Auflage), Berlin, Heidelberg, New York: 1993.

Forschungsgruppe Wahlen e.V., Mannheim; Wahl in Baden Württemberg – eine Analyse der Landtagswahl vom 24. März 1996; Berichte der Forschungsgruppe Wahlen e.V. Mannheim, Nr. 84; 27 März 1996.

Guckelsberger, U. & Unger, F. Statistik in der Betriebswirtschaftslehre. Wiesbaden: 1998.

Hartmann, H. Materialwirtschaft (6. Auflage), Gernsbach: 1993.

Kolmogoroff, A. N. Grundbegriffe der Wahrscheinlichkeitsrechnung. Berlin: 1933.

Leiner, B. Einführung in die Statistik (7. Auflage), München, Wien: 1996.

Puhani, J. Statistik (5. Auflage), Bamberg: 1991.

Stenger, H. Stichprobentheorie. Würzburg, Wien: 1971.

Stenger, H. Stichproben. Heidelberg, Wien: 1986.

Toutenburg, H.; Fieger, A. & Kastner, C. Deskriptive Statistik. Haar bei München: 1998.

Unger, F. Marktforschung (2. Auflage), Heidelberg: 1997.

Unger, F., Durante, N. et al. Mediapraxis (2. Auflage), Heidelberg 1999.

Vogel, F. Beschreibende und schließende Statistik (10. Auflage), München, Wien: 1997.

Zentralverband der deutschen Werbewirtschaft. Werbung-Deutschland 1996, Bonn 1997.